Datenanonymisierung im Kontext von Künstlicher Intelligenz und Big Data

Heinz-Adalbert Krebs ·
Patricia Hagenweiler

Datenanonymisierung im Kontext von Künstlicher Intelligenz und Big Data

Grundlagen – Elementare Techniken – Anwendung

 Springer Vieweg

Heinz-Adalbert Krebs
Universität Kassel,
Wirtschaftsinformatik
Green Excellence GmbH
Düsseldorf, Deutschland

Patricia Hagenweiler
Green Excellence GmbH
Düsseldorf, Deutschland

ISBN 978-3-658-37587-4   ISBN 978-3-658-37588-1   (eBook)
https://doi.org/10.1007/978-3-658-37588-1

Die Deutsche Nationalbibliothek verzeichnet diese Publikation in der Deutschen Nationalbiblio-grafie; detaillierte bibliografische Daten sind im Internet über http://dnb.d-nb.de abrufbar.

Planung: David Imgrund
Springer Vieweg ist ein Imprint der eingetragenen Gesellschaft Springer Fachmedien Wiesbaden GmbH und ist ein Teil von Springer Nature.
Die Anschrift der Gesellschaft ist: Abraham-Lincoln-Str. 46, 65189 Wiesbaden, Germany

Inhaltsverzeichnis

Über die Autoren

Dr. Heinz-A. Krebs ist seit 2009 geschäftsführender Gesellschafter des Unternehmens Green Excellence GmbH mit Sitz in Düsseldorf, welches auf die Beratung von Energieversorgern (Strom, Gas, Wasser) und Netzbetreibern spezialisiert ist. Die Beratungsdienstleistungen umfassen neben den Themenfeldern der Organisation und Reorganisation das Geschäfts- und Prozess-/Projektmanagement sowie die Projektentwicklung von Innovationen in den Bereichen der Energieerzeugung (Erneuerbare Energien), Energieübertragung und Energieverteilung.

Vor Übernahme der Geschäftsführung der Green Excellence GmbH war Dr. Heinz-A. Krebs über viele Jahre als Management-Consultant in der Inhouse-Beratung der RWE AG angestellt und zeichnete dort primär verantwortlich für Organisations- und Strategieprojekte in Osteuropa. Darüber hinaus lehrt er seit vielen Jahren an der Universität Kassel in regelmäßigen Blockveranstaltungen die Einführung betriebswirtschaftlicher Geschäftssysteme im Fachgebiet Wirtschaftsinformatik. Seit der Entscheidung zur Energiewende in Deutschland ist die Green Excellence GmbH weltweit in Strategie- und Umsetzungsprojekte eingebunden, welche die Erneuerbaren Energien sowie die Digitalisierung der Energiewirtschaft im Fokus der Betrachtung haben. Insbesondere im Rahmen der Themenstellung „Digitalisierung der Energiewirtschaft" hat Dr. Heinz-A. Krebs gemeinsam mit dem Fachgebiet Anlagen- und Hochspannungstechnik sowie der Wirtschaftsinformatik der Universität Kassel Innovationsprojekte zur Thematik „Inspektionen von Freileitungen unter dem Einsatz von Unmanned Aerial Systems (UAS)" initiiert, welche in der Wertschöpfungskette der Energiewirtschaft disruptive Entwicklungen erwarten lassen.

Bei der Umsetzung von Innovationsthemen stellt die Green Excellence GmbH im Rahmen einer stringent interdisziplinären Ausrichtung neben der Informatik,

Betriebswirtschaftslehre und Elektrotechnik zunehmend die Integration juristi-
scher Themenstellungen in den Fokus laufender und künftiger Projekte, da sich
insbesondere durch den Einsatz von neuen Informations- und Kommunikations-
technologien in der Energiewirtschaft rechtliche Fragestellungen (u. a. EnWG,
GDEW, NABEG 2.0, EnLAG, MsbG, DSGVO) mit erheblichen Auswirkungen
auf die Organisation, die Geschäftsprozesse und die IT-Systeme der jeweiligen
Unternehmen abzeichnen.

Dr. Patricia Hagenweiler ist seit 2012 Mitarbeiterin der Green Excellence GmbH
und vorwiegend für die Bereiche Datenschutz und Forschung zuständig.

Abkürzungsverzeichnis

A⁴NT	Adversarial Author Attribute Anonymity Neural Translation
ADM	Algorithmic Decision-Making
AEPD	Agencia Española de Protección de Datos
AGI	Artificial General Intelligence
AKI	Allgemeine Künstliche Intelligenz
ANI	Artificial Narrow Intelligence
API	Application Programming Interface
ASI	Artificial Superintelligence
ASR	Automatic Speech Recognition
BASt	Bundesanstalt für Straßenwesen
BDSG	Bundesdatenschutzgesetz
BERT	Bidirectional Encoder Representations from Transformers
BfDI	Der Bundesbeauftragte für den Datenschutz und die Informationsfreiheit
Bitkom	Bundesverband Informationswirtschaft, Telekommunikation und neue Medien
BMVI	Bundesministerium für Verkehr und digitale Infrastruktur
BMWi	Bundesministerium für Wirtschaft und Energie
BStatG	Bundesstatistikgesetz
CAT	Cornell Anonymization Tool
CNN	Convolutional Neural Network
CPS	Cyber-Physical-Systems
CSV	Comma-separated Values
Cycle GAN	Cycle-Consistent Adversarial Networks
DCGAN	Deep Convolutional GAN
DFKI	Deutsches Forschungszentrum für Künstliche Intelligenz

DIN	Deutsches Institut für Normung
DIPS	Differentially Private Data Synthesis
DSG	Datenschutzgesetz
DSGVO	Datenschutz-Grundverordnung
DSK	Datenschutzkonferenz
EDPS	European Data Protection Supervisor
ENISA	European Union Agency for Cybersecurity
EU	Europäische Union
EuGH	Europäischer Gerichtshof
FERPA	Family Educational Rights and Privacy Act
FNN	Feedforward Neural Networks
GAN	Generative Adversarial Network
GI	Gesellschaft für Informatik
GMDS	Deutsche Gesellschaft für Medizinische Informatik, Biometrie und Epidemiologie e. V.
GPS	Global Positioning System
GPT	Generative Pretrained Transformer
GPU	Grafikprozessoren
HIPAA	Health Insurance Portability and Accountability Act
HOL	Higher Order Logic
HTML	Hypertext Markup Language
IMDB	In-Memory-Datenbanken
IoT	Internet of Things
JDBC	Java Database Connectivity
KDD	Knowledge Discovery in Databases
KI	Künstliche Intelligenz
KNIME	Konstanz Information Miner
KNN	Künstliche neuronale Netze
LDA	Latent Dirichlet Allocation
LSTM	Long Short-Term Memory
MDAV	Maximum Distance to Average Vector
MDM	MobilitäsDatenMarktPlatz
MeSH	Medical Subject Headings
MPP	Massive Parallel Processing
MRT	Magnetresonanztomografie
NIP	Natural Image Processing
NLG	Natural Language Generation
NLP	Natural Language Processing
NoSQL	Not only Structured Query Language

OCR	Optical Character Recognition
PCM	Phase Change Memory
PPML	Privacy-preserving Machine Learning
ProGAN	Progressive Growing of GAN
RAID	Redundant Arrays of Independent Disks
RFID	Radio Frequency Identification
RNN	Recurrent Neural Network
SAGAN	Self-Attention GAN
sdcMicro	Statistical Disclosure Control for Microdata
SECRETA	System for Evaluating and Comparing RElational and Transaction Anonymization
SGB	Sozialgesetzbuch
SIT	Fraunhofer-Institut für Sichere Informationstechnologie
SRGAN	Super-Resolution GAN
StyleGAN	Style-Based Generator Architecture GAN
SWAG	Situations with adversarial Generations
TIAMAT	Tool for Interactive Analysis of Microdata Anonymization Techniques
TMF	Technologie- und Methodenplattform für die vernetzte medizinische Forschung e. V.
TNN	Tiefes neuronales Netz
TTDSG	Telekommunikation-Telemedien-Datenschutz-Gesetz
URL	Uniform Resource Locator
VR	Virtual Reality
XML	eXtensible Markup Language

Einleitung 1

Die fortschreitende Digitalisierung, die immer höhere Verfügbarkeit des Internets in Echtzeit sowie die progressive Entwicklung der Informationstechnologie hat es Unternehmen, wissenschaftlichen Einrichtungen und Organisationen ermöglicht, Daten in einem noch nie dagewesenen Umfang und in einer Komplexität zu erzeugen, zu integrieren, zu speichern und zu analysieren, wodurch Daten einen enormen Stellen- und Marktwert erhalten haben. Diese Daten werden oftmals automatisch von zahlreichen Eingabegeräten und Sensoren, wie Mobiltelefonen, medizinischen Geräten, Scannern, Kameras oder RFID[1]-Etiketten, erzeugt, zumal digitale Technologien mittlerweile in allen Bereichen des privaten sowie des beruflichen Lebens präsent sind. So haben Wirtschaftsunternehmen, Regierungsorganisationen und Forschungsinstitute sog. Data Lakes aufgebaut, in denen Daten, welche auch personenbezogen sein können, zunächst in unstrukturierter Form gesammelt werden. Inzwischen ist es möglich geworden, mithilfe maschineller Lernverfahren der künstlichen Intelligenz (KI) das in den Daten enthaltene Wissen zu extrahieren, welches bei einem verantwortungsvollen Einsatz u. a. zu Verbesserungen in der medizinischen Versorgung oder zur Erhöhung der Effektivität von maschinellen Produktions- oder Instandhaltungsprozessen führen kann. In vielen Fällen handelt es sich dabei um gesammelte Daten von Personen, welche ihr Verhalten, ihren Zustand oder ihre Handlungen beschreiben und dazu verwendet werden können, um Vorhersagen über verschiedene Aspekte der Personen in der Zukunft zu treffen. Dies können Vorhersagen über den Kauf eines Produkts, die Wahl eines Kandidaten oder eine mögliche Erkrankung sein. Außerdem kann das abstrahierte Wissen aus diesen Daten auch missbraucht werden, was insbesondere für personenbezogene Daten zu bedenken ist.[2]

---

[1] Radio Frequency Identification.

[2] Vgl. Kessler/Hoff/Freytag (2019) S. 1998; Engels (2020) S. 363.

© Green Excellence GmbH 2022
H.-A. Krebs und P. Hagenweiler, *Datenanonymisierung im Kontext von Künstlicher Intelligenz und Big Data*, https://doi.org/10.1007/978-3-658-37588-1_1

Aus rechtlicher Sicht sind personenbezogene Daten zu schützen und ihre Verarbeitung zu reglementieren. Wird der Personenbezug aus den Daten entfernt, indem sie pseudonymisiert oder anonymisiert werden, besteht die Möglichkeit der freien Nutzung der Daten.[3] Die personenbezogenen Daten werden durch nationale und internationale Datenschutzgesetze geschützt, wobei es um den Schutz von Personen (Betroffenen) vor der unangemessenen Verarbeitung ihrer Daten geht, sodass Betroffene das Recht haben, selbst darüber entscheiden zu können, was mit ihren persönlichen Daten geschieht und in welchem Umfang von wem ihre Daten verwendet werden dürfen. So ist auch in der Charta der Grundrechte der Europäischen Union (EU) der „Schutz personenbezogener Daten" verankert, wonach jeder das Recht auf den Schutz der sie betreffenden personenbezogenen Daten hat, welche nur für festgelegte Zwecke und mit einer Einwilligung der betroffenen Personen oder einer sonstigen gesetzlich geregelten Grundlage verarbeitet werden dürfen.[4] Darüber hinaus können Datenanalysen Personen betreffen, ohne deren personenbezogene Daten zu berücksichtigen oder nur zu kennen, indem u. a. Rückschlüsse einzelner Personen auf weitere Personen in einer bestimmten Region gezogen werden, obwohl diese in der Datenanalyse nicht berücksichtigt wurden und auf welche die Ergebnisse der Analysen gar nicht zutreffen. Mit Inkrafttreten der europäischen Datenschutz-Grundverordnung (DSGVO) hat der Datenschutz in der EU einen wesentlich höheren Stellenwert erhalten.[5] Die DSGVO enthält in allen Staaten der EU unmittelbar geltendes Recht, welches im Zweifelsfall auch Vorrang vor dem nationalen Recht der Mitgliedstaaten hat, wobei die Verordnung Öffnungsklauseln beinhaltet, die von den einzelnen Mitgliedstaaten im Rahmen ihrer Gesetzgebung entsprechend angepasst werden können, ohne dass Abweichungen von der DSGVO zulässig sind. So hat in Deutschland das Bundesdatenschutzgesetz (BDSG), welches im Rahmen der Einführung der DSGVO überarbeitet wurde, die Aufgabe, die in den Öffnungsklauseln definierten Entscheidungsräume zu ergänzen. Zudem gibt es weitere deutsche Gesetze hinsichtlich des Datenschutzes, wie u. a. die Datenschutzgesetze der Bundesländer, für die Sozialdaten das Zehnte Sozialgesetzbuch (SGB X) oder den Datenschutz bei den Kirchen. Allerdings dürfen diese Gesetze die DSGVO nur konkretisieren, aber nicht ändern. Da die Schweiz nicht Teil der EU ist, ist hier die DSGVO nicht direkt anwendbar, wobei deren im Jahr 2020 überarbeitetes Datenschutzgesetz (DSG) zu wesentlichen Teilen der DSGVO entspricht.[6]

---

[3] Vgl. Weiß/Alsabah (2020) S. 5.
[4] Vgl. Titel II Art. 8 EU (2010); Kneuper (2021) S. 1 f.
[5] Vgl. Kneuper (2021) S. 1, S. 4, S. 5 f.
[6] Vgl. Kneuper (2021) S. 6 ff.

Während der Schutz der Daten in Europa durch die europäische Datenschutzgrund-Verordnung (DSGVO) geregelt wird, ist in den USA das Datenschutzrecht weitgehend in sektorspezifische Vorschriften unterteilt, wie u. a. für Krankenversicherungen im Health Insurance Portability and Accountability Act (HIPAA) oder für den Erziehungssektor im Family Educational Rights and Privacy Act (FERPA), und in China wird das Datenschutzrecht durch das mit der DSGVO vergleichbare Personal Data Protection Act reglementiert.[7] Der amerikanische Health Insurance Portability and Accountability Act (HIPAA), welcher u. a. eine Liste von Identifikatoren enthält (Merkmale zur Identifizierung von Daten), die im Rahmen einer Basis-Anonymisierung entfernt werden müssen,[8] und diese Liste auch in Deutschland in diesem Zusammenhang herangezogen wird, greift den Begriff der De-Identifikation (De-Identification) auf, welcher den Prozess des Schutzes von Personen vor Identifizierung umfasst, wofür es zwei Methoden gibt. So entscheidet zum einen eine Person (ein für die Verarbeitung Verantwortlicher im Sinne der DSGVO), ob das angewandte Verfahren nur sehr geringe Risiken hinsichtlich einer Re-Identifizierung der betroffenen Person(en) beinhaltet. Zum anderen müssen Informationen (sog. Identifikatoren) von betroffenen Personen entfernt werden. Die De-Identifikation nach dem HIPAA stellt keine Anonymisierung im Sinne des europäischen Rechts dar, sondern kann die Anforderungen erfüllen, die sich aus der DSGVO in Bezug auf die Pseudonymisierung ergeben.[9] Neben den sektorspezifischen Vorschriften gibt es in den USA zudem in den einzelnen Bundesstaaten teilweise sehr unterschiedliche Regelungen, wie u. a. der seit Anfang 2020 eingeführte California Consumer Privacy Act, der im Vergleich zu den anderen Bundesstaaten sehr streng ist und insbesondere für überregionale Unternehmen eine Herausforderung darstellt. Die gesetzlichen Regelungen der USA beinhalten auch grundsätzliche Unterschiede zur DSGVO. So muss ein Unternehmen personenbezogene Daten nicht grundsätzlich schützen, sofern mit den Kunden keine entsprechenden Vereinbarungen getroffen wurden. Zudem haben Datenschutzkontrollen durch Aufsichtsbehörden oder Datenschutzbeauftragte weniger Gewicht. Da die Sicherheits- und Nachrichtendienste in den USA weitreichende Befugnisse zur Überwachung elektronischer Kommunikation haben, u. a. durch die gesetzlichen Regelungen des FISA Amendments Act of 2008, der Executive Order 12333 und des CLOUD Act, besteht kein angemessenes Datenschutzniveau gemäß der DSGVO, sodass

---

[7] Vgl. Kessler/Hoff/Freytag (2019) S. 1998; Prasser/Eicher u. a. (2020) S. 1278; Kneuper (2021) S. 11 f.

[8] Vgl. GMDS (2018) S. 17 f.; Kneuper (2020) S. 10 ff.; Kneuper (2021) S. 149 ff.

[9] Vgl. Office for Civil Rights (2015); GMDS (2018) S. 17 f.

ein Transfer personenbezogener Daten aus der EU in die USA, z. B. im Rahmen des Cloud Computing, problematisch erscheint. Insbesondere verpflichtet der CLOUD Act Unternehmen mit Sitz in den USA, wie Internet-Firmen und IT-Dienstleister, US-Behörden Zugriff auf gespeicherte Daten zu gewährleisten, selbst wenn die Speicherung nicht in den USA, sondern in der EU erfolgt.[10] So wurde auch nach dem Urteil des Europäischen Gerichtshofs (EuGH) das EU-US Privacy Shield (EU-US-Datenschutzschild) 2020 für ungültig erklärt, wodurch Übermittlungen von personenbezogenen Daten in die USA auf dieser Basis nicht mehr stattfinden können, da die Zugriffsmöglichkeiten nicht den europäischen Datenschutzanforderungen entsprechen.[11] Das in China am 20. August 2021 veröffentlichte und seit dem 1. November 2021 in Kraft getretene Gesetz zum Datenschutz entspricht weitgehend den Anforderungen der Datenschutz-Grundverordnung (DSGVO), wobei die Anforderungen an die Datensicherheit weitreichender sind als die der DSGVO. Das neue chinesische Gesetz regelt nicht nur die personenbezogenen Daten chinesischer Bürger, sondern auch Daten, welche für die nationale Sicherheit und die Wirtschaft Chinas wichtig sind, und enthält strengere Beschränkungen für die Datenübertragung als die DSGVO.[12]

Die vorliegende Studie befasst sich mit dem Thema der Anonymisierung im Kontext der künstlichen Intelligenz (KI) und Big Data. In den Kap. 2 und 3 werden zunächst die wesentlichen Grundlagen zur künstlichen Intelligenz (KI) und zu Big Data dargestellt, während in Kap. 4 personenbezogene, pseudonymisierte und anonymisierte Daten im Kontext der Datenschutz-Grundverordnung (DSGVO) und des Bundesdatenschutzgesetzes (BDSG) thematisiert werden. In Kap. 5 werden dann die Techniken der Pseudonymisierung skizziert, gefolgt von einer detaillierten Behandlung der Techniken und Verfahren der Anonymisierung in den Kap. 6 und 7. Kap. 8 erörtert die Risiken der anonymisierten Daten, während in den Kap. 9 und 10 die Vorgehensweise bei der Durchführung der Anonymisierung aus rechtlicher und technischer Sicht durch den Einsatz entsprechender Software behandelt wird. Die Studie schließt mit einem Fazit ab.

---

[10] Vgl. Kneuper (2021) S. 11 f.
[11] Vgl. Theelen/Kleta u. a. (2021).
[12] Vgl. Kinast (2021).

Künstliche Intelligenz

2

Kognitive oder geistige Fähigkeiten von Computern und Maschinen, welchen menschlichen Fähigkeiten ähneln, werden als künstliche Intelligenz (KI) bezeichnet. Hierbei kann es sich um das Lernen aus Erfahrungen oder um die Lösung von Problemen handeln. Die künstliche Intelligenz eines Systems (Computers) kann mit dem sog. Turing-Test[1] analysiert werden, wobei ein Prüfer mit einem intelligenten menschlichen Experten sowie einem Computer parallel kommunizieren kann. Dem System wird dann künstliche Intelligenz zugesprochen, sobald der Prüfer nicht mehr in der Lage ist, zu unterscheiden, mit wem von beiden er kommuniziert. Die menschliche Intelligenz kann in sehr verschiedene Bereiche und Anwendungsfelder gegliedert werden und zeigt die Vielfalt von Intelligenz auf: Sprachliche Intelligenz, musikalische Intelligenz, logisch-mathematische Intelligenz, bildlich-räumliche Intelligenz, körperlich-kinästhetische Intelligenz, intrapersonale und interpersonale Intelligenz, naturalistische und existenzielle Intelligenz sowie kreative und soziale Intelligenz.[2]

Im Rahmen der künstlichen Intelligenz (KI) sollen Systeme entwickelt werden, die auf diesen Gebieten intelligente Leistungen erbringen können. Darüber hinaus soll anhand dieser Systeme analysiert werden, wie das menschliche Gehirn diese Intelligenzleistungen vollbringen kann. Computerprogramme der künstlichen Intelligenz (KI), bestehend aus vielen Schichten und Operatoren, erhalten Informationen aus ihrem Umfeld in Form von Bildern, Texten und Signalen, welche in Zahlenpakete verwandelt werden. Diese Zahlenpakete werden als Eingabe in den Programmen durch einfache mathematische Operationen

---

[1] Benannt nach dem britischen Mathematiker Alan M. Turing (1912–1954), vgl. Mainzer (2019) S. 10.

[2] Vgl. Kreutzer/Sirrenberg (2019) S. 2 f.; Paaß/Hecker (2020) S. 12.

© Green Excellence GmbH 2022
H.-A. Krebs und P. Hagenweiler, *Datenanonymisierung im Kontext von Künstlicher Intelligenz und Big Data*, https://doi.org/10.1007/978-3-658-37588-1_2

(u. a. Addition, Multiplikation) in neue Zahlenpakete transformiert und als Ausgabezahlenpakete erzeugt sowie von anderen einfach strukturierten Operatoren weiterverarbeitet. Die Eingabe wird in immer abstraktere Darstellungen verwandelt, welche die wesentlichen Merkmale für die gesuchten Problemlösungen immer besser abbilden, bis der letzte Operator die gewünschte Ausgabe in einfacher Weise berechnen kann. Dieses Programm wird als tiefes neuronales Netz (TNN) bezeichnet. Das tiefe neuronale Netz enthält Parameter, welche ebenfalls ein Zahlenpaket mit einer Menge von bis zu mehreren Milliarden Zahlenwerten bilden und durch Optimierungsverfahren so angepasst werden, dass die beobachteten Daten möglichst gut reproduziert werden können.[3]

2.1   Arten der künstlichen Intelligenz

Bei der künstlichen Intelligenz (KI) wird zwischen einer schwachen KI (Artificial Narrow Intelligence, ANI) und einer starken (oder allgemeinen) KI (Artificial General Intelligence, AGI) unterschieden. Schwache künstliche Intelligenz (KI) fokussiert sich auf Systeme, welche Aufgaben auf mindestens menschlichem Niveau ausführen und konkrete Anwendungsprobleme lösen können, sodass nicht primär menschliche Fähigkeiten imitiert werden, sondern mithilfe von gezielt eingesetzten Algorithmen komplexe Probleme gelöst respektive besser gelöst werden, als es menschliche Fähigkeiten ermöglichen könnten. In diesem Kontext konnten in den letzten Jahren zahlreiche Durchbrüche erzielt werden, in denen KI-Systeme die Leistung von Menschen erreicht oder übertroffen haben, wobei es sich überwiegend um sensorische Fähigkeiten gehandelt hat, wie u. a. die Erkennung von Objekten in Bildern, die Übertragung von Audiosignalen in geschriebene Texte oder die Übersetzung von Texten in eine andere Sprache. Diese künstliche Intelligenz wird als schwache KI bezeichnet, weil es sich um einen Teilaspekt der menschlichen Intelligenz handelt. So fallen auch alle bislang existierenden Systeme unter die schwache KI, da sie kein tieferes Verständnis für eine Problemlösung oder ihre kausalen Zusammenhänge entwickeln. Die starke künstliche Intelligenz (KI) oder allgemeine künstliche Intelligenz (AKI) formuliert hingegen die Bestrebung, menschliche Fähigkeiten durch eine Technologie in sehr vielen Bereichen nachzubilden, zu optimieren und sogar zu übertreffen. Diese soll Problemstellungen in ungewohnten Situationen auch ohne oder mit nur wenigen Erfahrungswerten bewältigen können. Bislang können KI-Systeme nur

---

[3] Vgl. Paaß/Hecker (2020) S. 12 f.

schwer aus Einzelfällen lernen und benötigen eine große Menge an Trainingsbeispielen. Eine starke künstliche Intelligenz müsste selbsttätig in großem Umfang Daten sammeln können und sich somit rasant selbst verbessern mit nicht absehbaren Änderungen und Folgen. Mittlerweile dringen Forschungen immer stärker in Anwendungen der starken künstlichen Intelligenz (KI) vor, sodass erwartet wird, dass Technologien mit künstlicher Intelligenz (KI) durch ihre Selbstlernfähigkeit ohne externe Unterstützung allein aufgrund generierter Erfahrungsdaten, eigener Beobachtungen und Schlussfolgerungen ihre Wissensbasis ergänzen und dadurch ihr Problemlösungsverhalten ausbauen und optimieren können. Als Folge entsteht eine sog. künstliche Superintelligenz (Artificial Superintelligence, ASI), eine allgemeine künstliche Intelligenz (AKI), welche die Grenzen menschlichen Denkens, Fühlens und Handelns überwindet und damit zu anderen Lösungen kommen wird, als sie Menschen bisher erdacht haben.[4]

Bisher wird die starke bzw. allgemeine künstliche Intelligenz (AKI) noch als ein fernes Ziel betrachtet, welche alle intellektuellen Fähigkeiten eines Menschen in sich vereint, die nicht nur den Teilaspekt eines Problems lösen, sondern gleichzeitig sensorische Signale unterschiedlicher Art verarbeiten und somit ein ganzes Problem lösen kann. Eine solch ausgeprägte künstliche Intelligenz benötigt eine Art Bewusstsein, mit dem es ihre Rolle reflektieren sowie sämtliche Bereiche der menschlichen Intelligenz abdecken kann. Es existieren bereits KI-Systeme, welche mehrere Aspekte der menschlichen Intelligenz in sich vereinen, wie z. B. die Verarbeitung sensorischer Eingaben in simulierten Umgebungen, die Verfolgung einer optimalen Strategie oder die Kooperation mit anderen Agenten. Inwieweit eine künstliche Intelligenz zukünftig ein eigenes Bewusstsein und eine Empathie ähnlich wie die des Menschen erlangen sowie die Fähigkeit zur Reflexion sowie zum moralischen und ethischen Denken besitzen kann, ist bisher nicht absehbar. Zudem könnte eine solche sog. Superintelligenz, welche von einer Perfektion in ihrem Handeln getrieben wird und grundlegende humanistische Werte missachtet, zu einer großen Gefahr für die Menschheit werden. So existieren bereits Initiativen, wie die insbesondere von Elon Musk und Microsoft unterstützte Open Source Non Profit-Organisation OpenAI INC, welche an einer frei zugänglichen starken KI arbeiten, die der Gesellschaft positiven Nutzen bringen soll, ohne ihr zu schaden. Da allerdings jede Form von Technologie auch missbraucht werden kann, hat OpenAI im Jahr 2019 zunächst nicht die volle Version ihres selbstständigen Texterzeugungssystems GPT-2 (Generative Pretrained Transformer 2) veröffentlicht, um dieses vor Missbrauch in den sozialen

---

[4] Vgl. Bundesregierung (2018) S. 4; Buxmann/Schmidt (2019) S. 6 f.; Kreutzer/Sirrenberg (2019) S. 20; Paaß/Hecker (2020) S. 39, S. 418 f.

Medien zu schützen. Mittlerweile gibt es die Weiterentwicklung GPT-3. Während einige Forscher davon ausgehen, dass erste Durchbrüche einer starken KI in 20 bis 40 Jahren zu erwarten sind, behaupten andere, dass es eine starke KI niemals geben werde. Hierbei werden äußere Umstände ebenfalls eine Rolle spielen, wie der aufgrund der Corona-Pandemie 2020/2021 eingesetzte Schub der Digitalisierung gezeigt hat.[5]

2.2   Algorithmen

Computer ermöglichen es, gemäß dem EVA-Prinzip Daten zu verarbeiten, wonach zunächst die Eingabe (E), danach die Verarbeitung (V) und anschließend die Ausgabe (A) neuer Daten erfolgt. Diese Datenverarbeitung findet mithilfe von genau definierten Anweisungen, den Algorithmen, statt, welche auf dem Computer gespeichert in sehr hoher Geschwindigkeit sequenziell ausgeführt werden. Da es nahezu unmöglich erscheint, ein hochkomplexes Modell zu entwickeln, das auf Anhieb die gewünschten Ausgaben produziert, muss ein Modell anhand von Daten schrittweise so modifiziert bzw. trainiert werden, dass es die gewünschten Ausgaben in einem iterativen Vorgehen immer besser erzeugen kann.[6] Algorithmen können demnach als mathematisch-statistische Modelle verstanden werden, welche auf der Basis einer bestimmten Fragestellung und des zugrunde liegenden Datenmodells in Verbindung mit der Verarbeitung neue Erkenntnisse liefern können.[7] Sie sind in der Lage, eigenständig zu lernen, wobei sie eine Lösung für mathematisch beschreibbare Probleme finden, welche in unterschiedlichen Anwendungssituationen gelöst werden müssen und sich somit eigenständig verbessern. Mathematische Probleme benennen die vorliegenden Informationen (Eingabe) und definieren Eigenschaften, welche eine auf den Informationen basierende Lösung haben sollen (Ausgabe). Dabei münden Algorithmen in programmierte Handlungsanweisungen, welche die eingegebenen Daten in vordefinierter Form verarbeiten und diese basierend auf den Ergebnissen zur Ausgabe führen. Um zu einer Lösung zu gelangen, sind in der Regel mehrere Algorithmen erforderlich.[8] Damit generieren Algorithmen möglicherweise einen Mehrwert aus den Daten, indem sie diese in Informationen transferieren

---

[5] Vgl. Paaß/Hecker (2020) S. 39, S. 419 f.

[6] Vgl. Paaß/Hecker (2020) S. 50.

[7] Vgl. Bitkom/DFKI (2017) S. 67.

[8] Vgl. Kreutzer/Sirrenberg (2019) S. 6; Zweig (2019) S. 3.

und aufbereiten, womit sie für die Gesellschaft nutzbringend eingesetzt werden können.[9]

Algorithmische Entscheidungssysteme (Algorithmic Decision-Making Systems, ADM-Systeme) verarbeiten Regeln, nach denen eine Entscheidung getroffen werden kann, indem Daten und Informationen über ein zu lernendes Verhalten (Eingabe) aufgenommen und hieraus Entscheidungen abgeleitet werden, wobei das Ergebnis von der Ausprägung der verwendeten Daten abhängig ist. So lernt ein Algorithmus auf der Basis der eingegebenen Daten ein statistisches Modell, welches die Grundlage für den zweiten Algorithmus bildet, der die eigentliche Entscheidung für eine neue Eingabe anhand des Modells berechnet. Das Ergebnis ist eine Interaktion von Daten und dem ersten Algorithmus. Dabei gilt der Ansatz, Entscheidungsregeln zu lernen, in der Regel als erfolgreicher als jener, einen klassischen Algorithmus zu entwickeln. So konnten am Beispiel von Übersetzungen erst durch eine Vielzahl von Texten und ihren Übersetzungen als Datengrundlage und mithilfe eines Algorithmus zur selbstständigen Ableitung von Entscheidungsregeln gute Ergebnisse erzielt werden. Allerdings ist in Betracht zu ziehen, dass eine fehlende Transparenz der Entscheidungsregeln und komplexe Interaktionen zwischen Daten, Algorithmen und sozialer Einbettung dazu führen können, dass Individuen oder möglicherweise die gesamte Gesellschaft durch Entscheidungen der Algorithmen geschädigt werden können. Hierfür bedarf es einer Überwachung der Verarbeitungsvorgänge und der Entscheidungsqualität der Algorithmen. Sie bedürfen insbesondere dann einer Überwachung, wenn damit Entscheidungen über Menschen getroffen werden oder wenn ihre Entscheidungen einzelne Menschen oder die Gesellschaft betreffen, wie z. B. der Suchmaschinenalgorithmus Google, welcher aus der Kombination von Informationen über eine Webseite und einem Nutzer sowie seinem Verhalten lernt, inwiefern z. B. Webseiten für bestimmte Suchanfragen relevant sind.[10]

Die Kontrolle und Überwachung betreffen neben dem maschinellen Lernalgorithmus und dem eigentlichen Entscheidungsalgorithmus auch das sozioinformatische Gesamtsystem, welches aus dem ADM-System und allen sozialen Akteuren besteht, die es nutzen oder von den Entscheidungen betroffen sind. Hierfür bedarf es qualitätssichernde Maßnahmen für funktionale ADM-Systeme, welche u. a. regeln, wer welche Entscheidungen trifft, wie diese zu dokumentieren und wie sie in den sozialen Prozess einzubetten sind, indem sie verwendet

---

[9] Vgl. Bitkom/DFKI (2017) S. 67.
[10] Vgl. Zweig (2019) S. 3 ff.

werden sollen. Die Auswirkungen von ADM-Systemen können auch ohne Kenntnis des darunterliegenden Wirkmechanismus u. a. mit sog. Black-Box-Analysen überwacht werden.[11]

2.3 Machine Learning

Das maschinelle Lernen (Machine Learning) dient zur Erkennung von Bedeutungszusammenhängen in Datenbeständen. Bei den meisten Verfahren des maschinellen Lernens, einschließlich den tiefen neuronalen Netzen, erfolgt der Ablauf des Lernens nach dem Schema der drei Schritte Prognose, Verlust und Optimierung. Dabei sollen alle Lernverfahren in der Lage sein, den Zusammenhang zwischen den Werten einer Eingabe (x) und den zugehörigen Werten der Ausgabe (y) in den Trainingsdaten zu reproduzieren. Bei der Prognose berechnet (prognostiziert) das Modell den Wert einer Ausgabe (ŷ) aus der Trainingseingabe (x), wobei die Modelleigenschaften durch einen Parameter (w) gesteuert werden, dessen Werte zu Beginn zufällig gewählt werden. Anschließend wird der Prognosewert (ŷ) mit dem Ausgabewert (y) in den Trainingsdaten verglichen, woraus der Verlust zwischen den beiden Werten berechnet wird. Im Schritt der Optimierung wird der Parameter (w) so abgeändert, dass der Verlust kleiner wird, vor dem Hintergrund, dass die Prognose eines Modells von dem Wert des Parameters (w) abhängt. Das Ziel ist, ein Modell mit einem kleinen Verlust zu finden. Der gesamte Vorgang wird als Training bezeichnet. Mit diesem Schema kann ein Modell bestimmt werden, welches aus der Eingabe x die Ausgabe y in den Trainingsdaten mit einem geringen Fehler prognostizieren kann.[12] Der Parametervektor w ermöglicht dem Modell, ein reichhaltiges Angebot an Verhaltensweisen darzustellen. Diese Detailinformationen werden über die Anwendung aus den Daten bezogen. Hierfür wird das Gerüst eines Modells mit noch nicht festgelegten Parameterwerten entwickelt. Der Parametervektor kann aufgrund seiner Menge an bis zu mehreren Milliarden Parameterwerten sehr komplexe Zusammenhänge zwischen den Eingabe- und Ausgabetensoren erfassen. Somit kann mit einer geeigneten und ausreichenden Menge an Daten das Optimierungsverfahren ausgeführt werden, um die Parameter des Modells zu adaptieren und das Verhalten des Modells an die Daten anzupassen.[13]

---

[11] Vgl. Zweig (2019) S. 9 ff.
[12] Vgl. Kaulartz (2020) S. 32 ff.; Paaß/Hecker (2020) S. 53 ff.; Stiemerling (2020) S. 18.
[13] Vgl. Paaß/Hecker (2020) S. 55.

Um Computer für die Ausführung von Aufgaben zu programmieren, muss das System aus Erfahrungen oder Daten lernen können. Bei diesem Lernen eignet sich der Computer Wissen durch die Auswertung von Erfahrungen an, was als maschinelles Lernen (Machine Learning) bezeichnet wird. Dabei analysiert ein System die verfügbaren Daten und modifiziert sich schrittweise, um die Aufgaben besser erfüllen zu können.[14] Hierfür werden sog. selbst-adaptive Algorithmen eingesetzt, mit denen die Maschinen eigenständig lernen können. Für diese Lernprozesse sind qualitativ hochwertige Datenmengen als Trainingsdaten erforderlich, mit denen die Algorithmen so trainiert werden können, dass sie vordefinierte Aufgabenstellungen immer besser umsetzen, ohne dafür erneut programmiert zu werden (vgl. Abschn. 2.5). Dabei werden die neu erzeugten Algorithmen kontinuierlich mit weiteren Inputdaten überprüft, um so zu verbesserten Entscheidungsgrundlagen zu gelangen. Beim maschinellen Lernen können drei verschiedene Arten des Lernens unterschieden werden. Dies sind das überwachte Lernen (Supervised Learning), das nicht überwachte Lernen (Unsupervised Learning) und das verstärkende Lernen (Reinforcement Learning).[15] Bei dem Verfahren des maschinellen Lernens wird ein Modell so an die Daten angepasst, dass sich damit relevante Informationen gewinnen lassen. Während beim überwachten Lernen die Daten direkt mit der gesuchten Antwort annotiert (markiert) werden, erfasst das Modell beim unüberwachten Lernen die Zusammenhänge innerhalb der Daten. Das verstärkende Lernen beschäftigt sich schließlich mit zeitlich ausgedehnten Situationen, sodass erst nach einer Reihe von Zeitschritten das Ergebnis zur Verfügung steht.[16]

Unsupervised Learning (Clustering)
Bei der Lernform des unüberwachten Lernens (Unsupervised Learning) gibt es keine vordefinierten Zielwerte, sondern die Algorithmen müssen Ähnlichkeiten und damit Muster und Zusammenhänge in bestehenden (unstrukturierten) Daten eigenständig erkennen können. Diese Muster sind im Vorfeld also nicht bekannt, sondern der Algorithmus muss selbst Kategorien/Cluster finden, um die Muster selbstständig zu erkennen. Hierzu erhält der Algorithmus Daten, in denen er eigenständig eine Struktur erkennen soll, wobei er Datengruppen, sog. Cluster, welche ein ähnliches Verhalten oder ähnliche Merkmale aufweisen, identifiziert. Die einzelnen Cluster (innerhalb) enthalten also ein ähnliches Verhalten oder ähnliche Merkmale, während die Cluster selbst größere Unterschiede aufweisen. Neben dem Clustering, wie z. B.

---

[14] Vgl. Paaß/Hecker (2020) S. 45.
[15] Vgl. Buxmann/Schmidt (2019) S. 9; Kreutzer/Sirrenberg (2019) S. 6 f.
[16] Vgl. Paaß/Hecker (2020) S. 77 f.

nach Tierarten oder Farben, können auch Komprimierverfahren eingesetzt werden, um die unwichtigsten Komponenten der Daten herauszufiltern und so eine Verkleinerung der Dateien zu erreichen.[17] Typische Anwendungsfälle für unüberwachtes Lernen sind im Umfeld von Segmentierungen zu finden, wie z. B. in der Markt- oder Kundensegmentierung, sowie in der Dimensionsreduktion zur Erkennung von Strukturen oder Big Data-Visualisierungen, da sich das herkömmliche Reporting als nicht mehr ausreichend erwiesen hat.

Supervised Learning (Klassifikation und Prognose)
Beim überwachten Lernen (Supervised Learning) wird dem System vorgegeben, was es lernen soll und es kennt bereits die richtigen Antworten, sodass die Algorithmen angepasst werden, um die Antworten möglichst präzise aus dem vorhandenen Datensatz ableiten zu können. Die Aufgabe des Algorithmus ist somit bekannt. Hierfür werden die Algorithmen mit vielen (durch den Menschen) markierten (notierten) Input-Variablen (Trainingsdaten) trainiert, um dann eigenständig Entscheidungen treffen zu können. Zudem müssen auch die Output-Variablen definiert werden. Dabei wird der Algorithmus auf die eingegebenen (klassifizierten) Daten so trainiert, z. B. zur Erkennung von Tierarten, dass er die Verbindung zwischen den Eingabevariablen und den Ausgabevariablen finden kann. Nachdem das System eine große Anzahl von Beispielen verarbeitet hat, kann dieses Muster finden, durch welche sich die vorgelegten Objekte unterscheiden lassen. Die Algorithmen des überwachten Lernens lernen mit dieser Methode ähnlich wie Menschen. Anschließend ist das System in der Lage, die gefundenen Muster auf neue Cluster anzuwenden und sie zu unterscheiden. Hierfür werden Methoden der linearen Regression, der linearen Diskriminanzanalyse sowie das Entscheidungsbaumverfahren eingesetzt, wonach das System die Antwort aus einer kleinen Anzahl von Alternativen oder Klassen aussuchen sowie eine oder mehrere kontinuierliche Variablen vorhersagen muss. Nach dem Training wird der Algorithmus auf neue Daten angewendet. Die Überprüfung (Evaluierung) des trainierten Modells erfolgt mithilfe eines Testdatensatzes, um somit Aussagen über die Güte des trainierten Modells machen zu können.[18] Zu den typischen Anwendungen gehören die Klassifikation, z. B. bei der Objekterkennung in Bildern, oder die Prognose, wie z. B. die Nachfrage eines bestimmten Produktes.

---

[17] Vgl. Buxmann/Schmidt (2019) S. 10; Kreutzer/Sirrenberg (2019) S. 7; Kaulartz (2020) S. 36 f.; Paaß/Hecker (2020) S. 46 f.
[18] Vgl. Buxmann/Schmidt (2019) S. 9 f.; Kreutzer/Sirrenberg (2019) S. 7; Kaulartz (2020) S. 35 f.; Paaß/Hecker (2020) S. 45 f.

Reinforcement Learning

Bei der Variante des verstärkenden Lernens (Reinforcement Learning) soll für ein vorhandenes Problem eine optimale Aktionsstrategie erlernt werden, indem iterativ durch einen Trial-and-Error-Prozess eigenständig Lösungswege ausprobiert und anschließend verworfen oder weiterentwickelt werden. Der iterative Prozess basiert auf einer Belohnungsfunktion, wonach das System auf beliebig viele Zustände so reagieren kann, dass es eine hohe Anzahl von Punkten erhält. So reagiert nach jeder Aktion die Umwelt und das System erhält neue Informationen über den Zustand oder eine Belohnung in Form von Punkten und Zahlenwerten. Das Konzept findet häufig bei wenig vorhandenen Trainingsdaten oder bei einem nicht klar definierbaren Ergebnis Anwendung. Zudem wird es angewandt, wenn der Algorithmus aus der Interaktion mit der Umwelt etwas lernen kann. Somit trifft der Algorithmus bei diesem Lernprozess eine Entscheidung und handelt eigenständig. Die Belohnung erfolgt, wenn sich durch die Aktion die Maschine dem Ziel nähert oder alternativ erhält das System eine Bestrafung, also keine Punkte, wenn es sich vom Ziel entfernt. Mit dieser Belohnungsfunktion optimiert und korrigiert der Algorithmus seine Aktionen selbstständig.[19] Die typischen Anwendungsfälle liegen aktuell z. B. im autonomen Fahren und/oder in der Robotik.

2.4 Deep Learning

Eine spezielle Form und ein Teilbereich des maschinellen Lernens, welches auf der Grundlage der künstlichen neuronalen Netze (KNN) aufbaut, ist das Deep Learning, das größere Datenressourcen und Zusammenhänge verarbeiten kann, eine geringere Datenvorverarbeitung durch den Menschen benötigt und zudem oft genauere Ergebnisse liefern kann als andere maschinelle Lernansätze. Im Vergleich zu vorherigen Machine Learning Methoden hat Deep Learning zudem den Vorteil, dass mithilfe mehrschichtiger Netzwerke Zusammenhänge erlernt werden können, was einfache Algorithmen des maschinellen Lernens nicht leisten können. Hierbei profitiert die Methode des Deep Learning von der größeren Anzahl an Trainingsdaten, die sie verarbeiten kann.[20]

---

[19] Vgl. Buxmann/Schmidt (2019) S. 10 f.; Kreutzer/Sirrenberg (2019) S. 8; Paaß/Hecker (2020) S. 47 f., S. 105 f.

[20] Vgl. Buxmann/Schmidt (2019) S. 12; Kreutzer/Sirrenberg (2019) S. 8; Ebers/Heinze/Krügel/Steinrötter (2020) S. 52.

Auf der Basis vorhandener Informationen und des neuronalen Netzes kann die Methode des Deep Learning das Erlernte immer wieder mit neuen Inhalten verknüpfen, wodurch die Maschine lernt, Prognosen oder Entscheidungen selbstständig zu treffen sowie diese zu hinterfragen. Entscheidungen können bestätigt oder geändert werden, wobei der Mensch beim eigentlichen Lernvorgang in der Regel nicht mehr eingreift, sondern lediglich dafür sorgt, dass die Informationen zum Lernen bereitstehen und die Prozesse dokumentiert sind. Dies wird erreicht, indem aus den vorliegenden Daten und Informationen Muster extrahiert und klassifiziert werden. Anhand der gewonnenen Erkenntnisse können Daten in einem weiteren Kontext verknüpft werden, sodass die Maschine in der Lage ist, Entscheidungen auf Basis der Verknüpfungen zu treffen. Durch das kontinuierliche Hinterfragen der Entscheidungen wird ermöglicht, dass die Informationsverknüpfungen bestimmte Gewichte erhalten, welche bei einer Bestätigung der Entscheidungen sich erhöhen und im Falle einer Revidierung der Entscheidungen sich verringern. Somit entstehen zwischen der Eingabeschicht und der Ausgabeschicht viele Stufen an Zwischenschichten und Verknüpfungen. Die Anzahl der Zwischenschichten und deren Verknüpfungen entscheidet über das eigentliche Ergebnis.[21]

2.4.1 Neuronale Netze

Neuronale Netze bestehen aus sog. künstlichen Neuronen (Knoten), welche hinsichtlich ihrer Funktion, insbesondere der Aktivierung und Vernetzung, den Neuronen im menschlichen Gehirn als Teil des Nervensystems nachgebildet werden. Neuronen können Informationen von außen oder andere Neuronen in Form von Mustern oder Signalen empfangen und durch eine Aktivierungsfunktion weiterleiten. Hierfür haben sie eine Anzahl von Eingängen (Eingaben) und einen Aktivierungszustand, welcher als Ausgabe den Neuronen zur Verfügung steht. Neuronale Netze können sehr unterschiedliche Eingaben, wie u. a. Sprache, Bilder, Videos, Töne und Messwerte, verarbeiten, welche durch Vektoren, Matrizen oder Tensoren dargestellt werden. Der Aktivierungszustand wird durch die Werte, welche an den Eingängen anliegen, durch die Gewichte dieser Eingänge und durch eine sog. Aktivierungsfunktion bestimmt. Während die Gewichte an den Verbindungen zwischen den Neuronen festlegen, wie hoch der Einfluss der einzelnen Eingänge auf die nachfolgenden Neuronen ist, berechnet die Aktivierungsfunktion aus der gewichteten Summe der Eingänge den Aktivierungswert.

---

[21] Vgl. Luber (2017a).

Die Gewichte bestimmen das Verhalten eines neuronalen Netzes und umfassen jene Werte (Parameter), welche in der Trainingsphase zu erlernen sind. Durch die Nutzung der Aktivierungsfunktion können mit dem neuronalen Netz komplexere Probleme (nicht-lineare) gelöst werden. Aufgrund der parallelen Verarbeitung von Informationen, welche durch die Verknüpfung der Neuronen und die spezielle Verarbeitungsfunktionen ermöglicht wird, können sehr komplexe, nicht-lineare Abhängigkeiten der Ursprungsinformationen abgebildet werden, wobei neuronale Netze diese Abhängigkeiten auf der Basis von Trainingsdaten selbstständig erlernen. Die Neuronen sind in mehreren Schichten angeordnet und miteinander vernetzt, wobei der Ausgang eines Neurons einer Schicht mit den Eingängen der Neuronen der nächsten Schicht verbunden ist. So erhält die erste Schicht (Input-Layer) die Rohdaten und jede nachfolgende Schicht (Hidden Layer) den Output der vorhergehenden Schicht, ohne jene Daten, welche in den vorgelagerten Schichten verarbeitet wurden. Dabei lernt das neuronale Netz von jedem Übergang zu einer anderen Schicht dazu und erzeugt in der letzten Schicht (Output-Layer) die Ausgabe der Ergebnisse. Die Aktivierungswerte der Neuronen werden schrittweise entlang der einzelnen Schichten von den Ausgangswerten der vorherigen Schicht bis zum Ausgang der letzten Schicht des neuronalen Netzes errechnet, sodass die Aktivierung der letzten Schicht des neuronalen Netzes den Ausgabewert bildet.[22]

Neuronale Netze verfügen über eine große Anzahl von Gewichten (Parametern), welche in der Trainingsphase gelernt werden müssen. Beim Training eines neuronalen Netzes wird auf der Basis von klassifizierten Trainingsdaten gearbeitet, wobei ein Beispieldatenelement als Eingabe verwendet, das neuronale Netz durchgerechnet und auf der Grundlage des Ergebnisses die Gewichte verbessert werden. Aufgrund der hohen Anzahl an Parametern ist das Training (tiefer neuronaler Netze) sehr rechenintensiv, weshalb insbesondere im Bereich der Bilderkennung mit bereits teilweise angelernten Netzen gearbeitet wird, wobei Netze verwendet werden, welche auf sehr großen Datenmengen trainiert worden sind. Bei dieser Vorgehensweise werden die bereits erlernten unteren Schichten stabil gehalten und lediglich die letzten Schichten mit den eigenen Daten neu erlernt, sodass in Folge weniger Rechenleistung und weniger Trainingsdaten erforderlich sind.[23]

---

[22] Vgl. Kreutzer/Sirrenberg (2019) S. 4 f.; Ebers/Heinze/Krügel/Steinrötter (2020) S. 52 ff.; Paaß/Hecker (2020) S. 88 f.; Stiemerling (2020) S. 19 f.; Steiniger (2021).

[23] Vgl. Ebers/Heinze/Krügel/Steinrötter (2020) S. 54 ff.

2.4.2 Arten tiefer neuronaler Netze

Tiefe neuronale Netze bestehen im verborgenen Schichtbereich (Hidden-Layer) aus sehr vielen Schichten, welche im Deep Learning eingesetzt werden. Die Erkennungsleistung neuronaler Netze lässt sich durch zusätzliche Schichten steigern, wodurch die Flexibilität und Abbildungskapazität der Netze wächst, allerdings sich auch die Anzahl der Parameter, die Menge der erforderlichen Daten und die Rechenleistung erhöhen. In Abhängigkeit der Anwendung gibt es unterschiedliche Netztypen, welche die Erkennungsaufgabe durch konstruktive Eigenschaften unterstützen, von denen die wichtigsten im Folgenden skizziert werden.[24]

Feedforward Neural Networks
Als die strukturell einfachsten tiefen neuronalen Netze gelten die Fully Connected Feedforward Neural Networks (vorwärts gerichteten Netze), bei denen alle Knoten (Neuronen) einer Schicht mit allen Knoten der nächsten Schicht verbunden sind. Ziel dieser Netze ist es, die Eingaben in Klassen einzuteilen oder damit Prognosen zu erstellen. Deren Nachteil ergibt sich allerdings aus der hohen Zahl der zu lernenden Parameter, insbesondere bei der Bildanalyse, sodass sich weitere Formen neuronaler Netzwerke im Bereich des Deep Learning entwickelt haben, wie u. a. die Convolutional Neural Networks (CNN) und die Recurrent Neural Networks (RNN).[25] Eine Variante der mehrschichtigen Feedforward Neural Networks (FNN) sind Autoencoder-Netze, welche effiziente Codierungen erlernen, um damit Repräsentationen von Inhalten oder neue Daten zu erzeugen.[26]

Convolutional Neural Networks
Convolutional Neural Networks (faltendes neuronales Netz, CNN), welche aus einer oder mehreren Convolution-Schichten, gefolgt von einer sog. Pooling-Schicht, bestehen, wurden zur Erkennung von Bildern entwickelt und werden daher insbesondere bei der Bild- und Videoanalyse eingesetzt. Wesentlicher Bestandteil (Kernel) einer Convolution-Schicht ist eine kleine Matrix (3×3 oder 3×5) von Parametern. Die Besonderheit bei diesem Netzwerk liegt darin, dass in den sog. Convolution-Schichten kleine Filter gelernt werden, welche für alle Pixel des Bildes die gleichen Gewichte enthalten (Parameter Sharing). Dabei führt die erste Schicht eine sog. Faltungsoperation mit den Eingangsdaten durch, sodass die jeweils benachbarten

---

[24] Vgl. Paaß/Hecker (2020) S. 87 f., S. 103 f.
[25] Vgl. Ebers/Heinze/Krügel/Steinrötter (2020) S. 56; Paaß/Hecker (2020) S. 104 f.
[26] Vgl. Paaß/Hecker (2020) S. 106.

Pixel eines Bildes in Beziehung zueinander gesetzt werden und somit Strukturen, wie Ecken und Kanten eines Bildes, besonders gut erkannt und gelernt werden können. Dies erfolgt vor dem Hintergrund, dass bestimmte Arten von Kanten in einem Bild fast immer von der direkten Nachbarschaft abhängen und die Gewichte zur Erkennung der gleichen Art von Kanten in allen Bereichen des Bildes gleich gewählt werden können, sodass sich damit die Zahl der Verbindung der Neuronen zwischen den einzelnen Schichten und der erlernenden Parameter reduziert. Zudem benötigt das Netzwerk eine geringe Rechenkapazität und geringe Menge an Trainingsdaten. Dies wird durch das sog. Pooling ermöglicht, welches einen Reduktionsschritt bildet, indem die Werte aus einer kleinen Nachbarschaft auf einen Wert reduziert werden, der diese Nachbarschaft charakterisiert, wodurch sich Schichtgrößen reduzieren und die Robustheit erhöht wird. Als wichtigste Anwendung von Convolutional Neural Networks (CNN) gilt die Objektklassifikation, wobei unterschiedliche Klassen von Objekten in Bildern automatisch identifiziert werden können, was auf der Basis umfangreicher Trainingsdaten gelernt wird. Hierfür steht eine große Bilddatenbank (ImageNet) für die Erprobung von Bilderkennungssoftware zur Verfügung, welche über 14 Mio. Bilder und mehr als 20.000 Objektklassen enthält. Zu den weiteren Anwendungen gehören die Objektlokalisation, bei der die Lage eines Objekts mithilfe von Begrenzungsrahmen (Bounding-Boxen) angegeben wird, und die Objektsegmentierung, bei der die Regionen der Objekte eines Bildes präziser als durch Bounding-Boxen gekennzeichnet werden.[27]

Recurrent Neural Networks
Die Variante Recurrent Neural Networks (rekurrentes neuronales Netz, RNN) mit ihrem Vertreter Long Short-Term Memory (LSTM) wird insbesondere bei der Sprachanalyse (Spracherkennung), Textanalyse (Textverständnis) und bei der Analyse von Zeitreihen eingesetzt. Rekurrente neuronale Netze sind auf die Verarbeitung von Sequenzen spezialisiert. Die Informationen aus dem Eingabevektor werden durch den Operator einer Schicht transformiert und als Ergebnis entsteht ein verdeckter Vektor, welcher die Eingabe repräsentiert. Umgekehrt kann ein verdeckter Vektor auch dazu verwendet werden, um einen zurückliegenden Teil eines Satzes zu repräsentieren. Da die Wörter an fast allen Positionen in einem Satz vorkommen können, ist hierfür ein Netz erforderlich, welches an den unterschiedlichen Stellen der Sequenz die gleiche Verarbeitung durchführen kann, wobei es immer die gleichen Operatoren nutzt. Das rekurrente Netzwerk umfasst hierfür eine Speicherung von Zuständen, wodurch es sich für die Verarbeitung von Sequenzen, wie z. B. Wörter

---

[27] Vgl. Ebers/Heinze/Krügel/Steinrötter (2020) S. 54, S. 56; Paaß/Hecker (2020) S. 15 f., S. 105, S. 123 ff.; Steiniger (2021).

eines geschriebenen Textes, Noten eines Musikstückes oder Klangschwingungen der gesprochenen Sprache, und das Lernen von dynamischen Zusammenhängen eignet. Bei diesem Netzwerk besitzen die Neuronen eine komplizierte Struktur inklusive eines kleinen Gedächtnisses, um das Trainingsverhalten genau steuern zu können. So hängt die Aktivierung eines Neurons nicht mehr nur von der aktuellen Eingabe ab, sondern kann auch über das Gedächtnis vorher gesehene Eingaben berücksichtigen, wodurch eine große Menge an trainierbaren Schichten ermöglicht wird. Mithilfe der Recurrent Neural Networks können Texte übersetzt oder neue Texte erzeugt werden oder ein Audiosignal einer Sprache in einen Text transkribiert werden.[28]

Generative Adversarial Networks
Neuronale Netze haben sich insbesondere bei der Verarbeitung von unstrukturierten Daten, wie Texten oder Bildern, als zuverlässiger Ansatz zur Datenklassifizierung und Datenregression erwiesen. Darüber hinaus können neuronale Netze mithilfe von Generative Adversarial Networks (generatives adversariales Netz, GAN), deren Konzept 2014 u. a. von Goodfellow u. a. entwickelt wurde, synthetische Datenpunkte, wie z. B. Bilder von Personen, 3D-Modelle oder Musik, erzeugen, welche die gleichen statistischen Eigenschaften aufweisen wie ihre zugrunde liegenden Trainingsdaten. Generative Adversarial Networks (GAN) werden u. a. im Rahmen des Computer Vision (computergestütztes Sehen), des Natural Language Processing (natürliche Sprachverarbeitung), der Time Series Synthesis (Zeitreihensynthese) und der Semantic Segmentation (semantische Segmentierung) eingesetzt.[29] Sie bestehen aus zwei neuronalen Teilnetzen, dem Generator- und dem Diskriminatornetzwerk, welche iterativ gegeneinander trainiert werden und gegensätzliche Ziele verfolgen. Während das Generator-Netz die Eingabewerte als neue Bilder (Datenpunkte) erzeugt, welche den Bildern der Trainingsmenge ähneln, versucht das Diskriminator-Netz echte Bilder von den künstlich erzeugten (synthetischen) Bildern (Datenpunkte) zu unterscheiden. Das Gegnernetz (Generator) lernt dabei, Eingabewerte zu produzieren, welche für das lernende Netz (Diskriminator) möglichst schlechte Ergebnisse mit einer hohen Fehlerquote liefern, sodass das Diskriminatornetz kontinuierlich mit seinen Schwächen konfrontiert wird, bis es exzellent wird und auch mit schwierigen Eingabewerten zurechtkommen kann. Als Ergebnis können die erzeugten künstlichen Datenpunkte nicht mehr von den echten Datenpunkten unterschieden werden, sodass der Diskriminator die synthetischen

---

[28] Vgl. Ebers/Heinze/Krügel/Steinrötter (2020) S. 56 f.; Paaß/Hecker (2020) S. 105, S. 183 ff.; Steiniger (2021).
[29] Vgl. Müller (2020); Pleines (2020) S. 167, S. 174 f., S. 182 ff.

Bilder als echte Bilder akzeptiert.[30] Dabei lassen sich mehrere Varianten unterscheiden. Dies sind u. a. Deep Convolutional GAN (DCGAN), Super-Resolution GAN (SRGAN), Cycle-Consistent Adversarial Networks (CycleGAN), Progressive Growing of GAN (ProGAN), Style-Based Generator Architecture for GAN (StyleGAN) und Self-Attention GAN (SAGAN).[31]

Die Erzeugung von synthetischen Daten unter dem Einsatz von Generative Adversarial Networks (GAN) bietet verschiedene Anwendungsmöglichkeiten. Neben der Bild-Synthese, z. B. der Erzeugung von Gesichtern, welche kaum von echten zu unterscheiden sind, der Musik-Synthese, der Super-Resolution, mit der versucht wird, die Auflösung von Bildern zu verbessern, sowie den Deepfakes, mit denen Gesichter in Bildern und Videoaufnahmen durch andere Gesichter ersetzt werden können, gehören hierzu die Generierung zusätzlicher Trainingsdaten und die Anonymisierung von Daten. Da im Rahmen des Einsatzes der künstlichen Intelligenz (KI) viele Daten erforderlich sind, können mithilfe von GAN die im maschinellen Lernen oft nur in geringen Mengen verfügbaren Trainingsdaten vermehrt werden (Augmentierung). Das GAN wird dabei auf den Trainingsdatensatz kalibriert, um beliebig viele, neue Trainingsbeispiele zu generieren, mit dem Ziel, durch die zusätzlich generierten Daten die Generalisierbarkeit von Machine Learning-Modellen zu verbessern. Darüber hinaus können mit GAN Daten anonymisiert werden, was bei der Verarbeitung von Datensätzen mit Personenbezug, die der Datenschutz-Grundverordnung (DSGVO) unterliegen, erforderlich ist. Gegenüber anderen Ansätzen zur Datenanonymisierung bleiben bei dieser Methode die statistischen Eigenschaften des Datensatzes erhalten. Insbesondere bei der Verarbeitung von personenbezogenen Daten im Bereich des maschinellen Lernens bieten GAN für die Anonymisierung von Datensätzen einen vielversprechenden Ansatz.[32]

2.5 Trainingsdaten für das KI-Modell

Mit der zunehmenden breiten Verfügbarkeit großer Datenmengen (Big Data) aus dem gesellschaftlichen, wissenschaftlichen und wirtschaftlichen Bereich hat die Anwendung des maschinellen Lernens einen wesentlichen Antrieb erhalten, welche eine Grundlage sind, um komplexe Probleme lösen zu können sowie um

---

[30] Vgl. Kirste/Schürholz (2019) S. 33; Gausling (2020) S. 20 f.; Müller (2020); Paaß/Hecker (2020) S. 106, S. 331 ff.; Pleines (2020) S. 168, S. 176.
[31] Vgl. Pleines (2020) S. 175, S. 176 ff.
[32] Vgl. Müller (2020).

Fähigkeiten zu erlangen, für die bisher menschliche Intelligenz erforderlich war. Maschinelle Lernverfahren benötigen als Eingabe eine Menge von Daten, welche als Trainingsdaten bezeichnet werden und welche aus einer Menge gleichartiger Beispiele bestehen. Beim maschinellen Lernen werden automatisch Muster in Daten erkannt und diese Muster respektive Erfahrungen aus den Trainingsdaten (Lernen) in einem sog. Modell repräsentiert.[33]

Die Trainingsdaten bilden neben realen Objekten und Systemen aus mehreren Objekten auch Prozesse ab. Dabei handelt es sich um eine selektive Abbildung, wo lediglich eine bestimmte Anzahl von Eigenschaften durch ein Datenobjekt erfasst wird, da nicht alle Eigenschaften eines Objekts relevant sind oder rechtlichen Einschränkungen unterliegen, wie z. B. bei der Erfassung von personenbezogenen Daten. So können nur die erfassten Eigenschaften (Merkmale) eines Datenobjekts im Lernprozess verwendet werden, wodurch Daten immer unter bestimmten Annahmen der zu lernenden Zusammenhänge erfasst bzw. ausgewählt werden. Neben der Auswahl der Merkmale spielt auch die Auswahl der Objektmengen, welche durch die Daten repräsentiert werden, eine wesentliche Rolle. Darüber hinaus besteht das Problem der unausgewogenen Datensätze, welche nur wenige Daten mit selten auftretenden Ereignissen, Störungen oder Ausfällen repräsentieren, was das maschinelle Lernverfahren erschwert.[34]

Für das maschinelle Lernverfahren werden unterschiedliche Arten von Daten verwendet, wozu Sensordaten, strukturierte Daten und unstrukturierte Daten in Form von Texten sowie Bildern und Videos gehören, welche gezielt ausgewählt oder gesammelt werden. Dabei spielen Sensoren im Rahmen der Datensammlung eine wesentliche Rolle für die Anwendung von KI-Methoden. Sensoren dienen der Zustandsmessung und -überwachung, wie z. B. in Werkzeugmaschinen im Rahmen der Produktion, im Kontext selbstfahrender Fahrzeuge oder in Bauteilen von Flugzeugen, womit sie den Objektzustand zu unterschiedlichen Zeitpunkten der Beobachtung repräsentieren. Damit lassen sich nicht nur der aktuelle Zustand analysieren und überwachen, sondern auch die Entwicklung des Zustands prognostizieren. Mithilfe des maschinellen Lernverfahrens können aus den Sensordaten neue Erkenntnisse gewonnen sowie der Ausfall und Störungen von Sensoren erkannt werden. Auch bildgebende Verfahren erzeugen große Datenmengen, wie z. B. bei der Videoüberwachung oder der Erzeugung von Aufnahmen in der Medizin, welche für das maschinelle Lernverfahren genutzt werden. Neben der

---

[33] Vgl. Ebers/Heinze/Krügel/Steinrötter (2020) S. 57; Bauckhage/Hübner u. a. (2021) S. 429 f.
[34] Vgl. Ebers/Heinze/Krügel/Steinrötter (2020) S. 57 f.

Sammlung von Daten bildet die Wiederverwendung von Daten eine weitere Möglichkeit zur Nutzung von maschinellen Lernverfahren. Dies können Daten sein,
welche in Firmen im Rahmen der Geschäftsprozesse anfallen und zu anderen
Zwecken gesammelt worden sind, wie z. B. Daten bei Versicherungen oder Tele-
kommunikationsanbietern. Eine weitere Quelle liefern in den letzten Jahren Daten
durch Social Sensing sowie die starke Nutzung sozialer Medien. So werden Daten
durch Sensoren gesammelt, welche am Körper getragen oder mitgeführt werden,
wie z. B. Smartphones, die über unterschiedliche Arten von Sensoren verfügen, wie z. B. GPS[35]-basierte Lokalisierungsdienste, mit denen gut aggregierte
Daten über die Ansammlung und Bewegung von Personen gewonnen werden
können. Daneben liefern weitere Gadgets, wie z. B. Fitnessarmbänder, Daten über
Personen, die gesammelt und aggregiert werden können. Aufgrund der weit ver-
breiteten Nutzung sozialer Medien, wie z. B. Facebook, entsteht eine Sammlung
relevanter und repräsentativer Daten in Form von Texten, Bildern und Videos,
womit z. B. Meinungstrends analysiert werden oder welche für die personalisierte
Werbung und für Empfehlungen genutzt werden können.[36]

Neben der Repräsentation und Datensammlung spielt auch die Datenqualität
eine wesentliche Rolle, um qualitativ hochwertige KI-Modelle zu erlernen und
gute Ergebnisse liefern zu können, da das Lernverfahren sein Wissen aus diesen Daten bezieht. Die Datenqualität beschreibt dabei die Eignung der Daten
für die geplante Nutzung. So können unvollständige oder fehlerhafte Daten im
Rahmen der Erfassung entstehen. Darüber hinaus können Daten veraltet sein
oder nicht in der gewünschten Granularität vorliegen oder es fehlt an relevanten
Daten für den geplanten Zweck, indem bestimmte Zusammenhänge nur indirekt
gemessen werden können. Des Weiteren müssen Daten verlässlich und interpre-
tierbar sein, sodass keine falschen Schlüsse aus den gelernten Modellen gezogen
werden. Daneben können Daten aus unterschiedlichen Quellen zu Inkonsistenzen führen, indem sie Fakten repräsentieren, welche nicht miteinander vereinbar
sind. Auch der Mangel an repräsentativen Daten kann falsche Ergebnisse liefern.
Nicht zuletzt hängt eine geplante Nutzung der Daten auch von deren Verfügbarkeit ab, welche zeitliche, rechtliche und technische Aspekte umfasst. Ein
weiteres Kriterium für den effektiven Einsatz von maschinellen Lernverfahren
spielt die Datenquantität, um komplexere Modelle zu lernen und robuste Modelle
zu erhalten.[37]

---

[35] Global Positioning System.

[36] Vgl. Ebers/Heinze/Krügel/Steinrötter (2020) S. 58 f.

[37] Vgl. Bitkom/DFKI (2017) S. 68; Ebers/Heinze/Krügel/Steinrötter (2020) S. 59 f.

Vor der Nutzung der Daten für maschinelle Lernverfahren oder für den Aufbau intelligenter Systeme bedürfen die Daten einer Aufbereitung oder Vorbereitung (Pre-Processing), wie u. a. durch eine einfache syntaktische Transformation, durch die Auffüllung und Löschung von Werten sowie durch die Datenintegration und Extraktion von Merkmalen für das maschinelle Lernen aus unstrukturierten Eingaben. Mit der Aufbereitung der Daten werden diese zugleich verändert, was sich auf den maschinellen Lernprozess auswirken kann. Im Rahmen der Aufbereitung der Daten werden die Datensätze u. a. auf Ausreißer hin untersucht, wobei Werte eines Merkmals ermittelt werden, welche sich stark von den übrigen Werten des Merkmals unterscheiden. Neben den Ausreißern gilt es auch, fehlende, fehlerhafte und verrauschte Werte z. B. durch Löschen des Datensatzes sowie durch Auffüllen bzw. Korrigieren auf der Grundlage von statistischen Methoden oder maschinellen Lernverfahren zu bearbeiten. Um Daten aus unterschiedlichen Quellen zusammenzubringen, wird die Datenintegration eingesetzt, indem insbesondere Informationen, welche sich auf dasselbe Objekt bzw. denselben Sachverhalt beziehen, korrekt zusammengeführt werden. Im Rahmen der Datenintegration aus unterschiedlichen Quellen kann es weiterhin zu Inkompatibilität und Inkonsistenzen kommen, da diese Daten zu unterschiedlichen Zeitpunkten und Zwecken sowie auf verschiedene Weise erfasst worden sind. Bei unstrukturierten Daten, wie z. B. Texte, werden zunächst für die Analyse irrelevante Teile entfernt oder eine Spam-Filterung durchgeführt. Darüber hinaus müssen die Daten mit Methoden der Textanalyse (Natural Language Processing, NLP) bearbeitet werden, um anschließend geeignete Merkmale, wie z. B. inhaltliche oder syntaktische Merkmale, für das maschinellen Lernen extrahieren zu können. Hierfür werden ebenfalls Methoden des maschinellen Lernens eingesetzt, wie z. B. die Berechnung von Word-Embeddings, womit aus Wörtern und Phrasen eine vektor-basierte Repräsentation berechnet wird, welche mithilfe maschineller Lernverfahren verarbeitet werden kann (vgl. Abschn. 2.6.1, 3.5.3). Daten mit einer hohen Dimensionalität bzw. sehr vielen Merkmalen werden zur Datenaufbereitung reduziert, um die Effizienz der Lernverfahren zu erhöhen. Im Rahmen der Reduktion der Dimensionalität wird aus den existierenden Merkmalen eine kleinere Anzahl abstrakter Merkmale berechnet, mit denen die Daten in Gruppen separiert werden können.[38]

Für die Auswahl eines passenden KI-Modells muss zunächst die Problemstellung präzise definiert werden, welche eine künstliche Intelligenz (KI) lösen soll. Darüber hinaus empfiehlt sich für die Entwicklung eines KI-Modells ein

---

[38] Vgl. Ebers/Heinze/Krügel/Steinrötter (2020) S. 60 ff.

exploratives Vorgehen, indem zunächst verschiedene KI-Modelle getestet und verglichen werden, da nicht jedes Modell mit dem gleichen Dateninput dieselben Ergebnisse liefert. So nehmen verschiedene Faktoren, wie die Konfiguration, die Menge und Verteilung der Trainings- und Testdaten oder die Trainingshäufigkeit des Modells (sog. Epochen), Einfluss auf das Ergebnis. Neben der passenden Auswahl eines KI-Modells spielen die Trainingsdaten eine wesentliche Rolle, welche möglichst genau den später zu analysierenden Echtdaten entsprechen müssen. So gilt es bei der Auswahl der Test- und Trainingsdaten zu prüfen, auf welche Daten(-Quellen) zurückgegriffen werden kann, um die Problemstellung zu lösen und welche zusätzlichen Daten benötigt werden. Sofern das KI-System mit echten, personenbezogenen Daten trainiert und getestet werden muss, sind die Test- und Trainingsdaten zu pseudonymisieren oder zu anonymisieren. Dabei gilt es, zu prüfen, ob die durch eine Pseudonymisierung oder Anonymisierung veränderten Daten zum Anlernen der künstlichen Intelligenz noch ausreichend und aussagekräftig genug sind. Um diese Maßnahmen der Unkenntlichmachung zu vermeiden, können Daten auch neu gesammelt sowie die Erlaubnis betroffener Personen zur Verwendung eingeholt werden. Diese Möglichkeit ist gegeben, wenn Unternehmen mit externen Projektpartnern kooperieren oder Daten in der Cloud zugänglich gemacht werden sollen.[39]

Als Alternative bietet sich für das Anlernen und Testen einer künstlichen Intelligenz (KI) auch der Einsatz von synthetischen Daten an, sofern diese Daten entsprechend der Fragestellung korrekt verteilt sind und einen repräsentativen Querschnitt der im Realbetrieb zu erwartenden Daten abbilden. Allerdings muss eine mit synthetischen Daten trainierte künstliche Intelligenz in der produktiven Anwendung besonders gut überwacht werden, da ein intelligentes System auch aus Mustern lernen kann, nach welchen die synthetischen Daten generiert wurden. Aus diesem Grund ist genau zu prüfen, wie die synthetischen Trainings- und Testdaten erstellt wurden, um negative Lerneffekte bei der künstlichen Intelligenz zu verhindern. Neben der Datenqualität muss zudem die Menge der Trainings- und Testdaten ausreichend sein, um eine künstliche Intelligenz anlernen zu können, welche allerdings nicht das alleinige Kriterium ist. So kann es trotz einer großen Datenmenge prozentual zu wenige Datensätze in einem konkreten Bereich geben oder bei sehr großen Datenmengen kann das Problem der Überanpassung (Overfitting) entstehen, wobei die künstliche Intelligenz einmal Gelerntes wieder verlernt oder aus den Trainingsdaten „falsches" Wissen aufbaut, welches im Produktivbetrieb zu falschen Ergebnissen führen würde. Die Überanpassung lässt

---

[39] Vgl. Braun/Follwarczny (2021).

sich daran erkennen, wenn die künstliche Intelligenz zwar zuverlässig einen kleineren Datensatz beurteilt, aber bei einem größeren Datensatz keine zuverlässigen
Ergebnisse mehr liefern kann. Damit die künstliche Intelligenz korrekt lernen
kann, muss die Menge an Referenzen in den Trainings- und Testdaten ausreichend
sein, die Verteilung bzw. der repräsentative Querschnitt der Daten muss stimmen
und die Daten müssen die Realität der jeweiligen Fragestellung abbilden können. Diese genannten Aspekte bestimmen die Qualität sowohl synthetischer als
auch realer Daten. Zum Lernen der künstlichen Intelligenz ist immer eine hohe
Qualität der eingesetzten Daten erforderlich, da das System andernfalls unzuver-
lässige oder nicht nachvollziehbare Ergebnisse liefern kann. Die Daten müssen
korrekt, vollständig und widerspruchsfrei sein. Die Bereinigung von Datenbeständen (Datenaufbereitung) kann mithilfe von Datenqualitätstools erfolgen, welche
auch bei der Anonymisierung und Pseudonymisierung eigener Echtdaten zu
Trainingszwecken helfen können.[40]

Sofern es sich bei den im Rahmen des Machine Learning-Prozesses eingegebenen Daten um personenbezogene Trainingsdaten handelt, unterliegen sie
der Datenschutz-Grundverordnung (DSGVO). Davon betroffen können auch die
Output-Variablen der eingegebenen und über mehrere Schichten verarbeiteten Daten sein. Insbesondere bei der Analyse von Big Data, welche auf die
Identifizierung konkreter Muster oder die Aussonderung eines Individuums ausgerichtet sind, werden Daten im Anwendungsbereich der DSGVO liegen. Dem
Datenschutz unterliegen auch jene Daten, die im Rahmen der Erzeugung von
künstlicher Intelligenz ausgewertet und neue Informationen mit diesen verknüpft
werden. Gleiches gilt für Vorhersagemodelle (Predictive Analytics) oder Simula-
tionen, welche bereits während der Ersterhebung oder bei einer zweckändernden
Nutzung personenbezogener Daten diese einer Anonymisierung unterziehen.[41]

Mit den bisher entwickelten tiefen neuronalen Netzen können zunächst nur
Probleme gelöst werden, für die Daten verfügbar sind, sodass mit diesen Daten
die Zusammenhänge zwischen den relevanten Merkmalen trainiert werden können. Darüber hinaus gibt es Zusatzinformationen, welche bei der Lösung von
Problemen verwendet werden können. Diese Zusatzinformationen können zum
einen über Systeme für die Extraktion von Weltwissen durch Transferlernen
gewonnen werden. Die Methode des Transferlernens ermöglicht es, Modelle
für Aufgaben zu trainieren, für die zu wenig Trainingsdaten vorhanden sind,
indem das Modell zunächst für ein ähnliches Problem trainiert wird, für das sehr
umfangreiche Trainingsdaten verfügbar sind. Hierbei lernt das Modell in einem

---

[40] Vgl. Braun/Follwarczny (2021).
[41] Vgl. Gausling (2020) S. 17 ff.

ersten Schritt grundlegende Zusammenhänge über ein Gebiet und in einem zweiten Schritt erfolgt eine Feinabstimmung auf den eigentlichen Trainingsdaten, bei dem das Modell an die spezielle Aufgabe angepasst wird.[42]

Zum anderen können durch die Nutzung von explizit formuliertem Wissen oder durch symbolische künstliche Intelligenz, welche intelligente Systeme durch logisches Schließen aus Fakten und Regeln erzeugt, Zusatzinformationen gewonnen werden. So wurde im Rahmen der bisherigen KI-Methoden versucht, Weltwissen manuell zu kodieren, wozu die Wissensdatenbank Cyc gehört, welche seit 1984 kontinuierlich entwickelt wird. Diese formuliert Weltwissen als Fakten und Regeln mit über 24,5 Mio. Einträgen, woraus logische Schlüsse abgeleitet werden können, allerdings gegenüber tiefen neuronalen Netzen hieraus nicht automatisch neue Zusammenhänge aus Daten gelernt werden können, sondern diese explizit manuell eingegeben werden müssen. In Cyc können Regeln formuliert werden, welche für alle Objekte eines Typs gelten, und es beinhaltet ein Modul für die Herleitung von logischen und wahren Schlussfolgerungen. Die Resultate tiefer neuronaler Netze sind dagegen nur mit einer gewissen Wahrscheinlichkeit korrekt. Zu den weiteren Wissensdatenbanken gehören u. a. Wikidata (mit Fakten und Regeln aus Wissen aus Wikipedia) sowie die Medical Subject Headings (MeSH)-Wissensdatenbank mit medizinischen Fakten und Regeln aus ca. 30 Mio. medizinischen Fachartikeln. In der Praxis hat sich allerdings ergeben, dass auch Regeln nur bis zu einem gewissen Grad mit Sicherheit gelten, sodass erst in der Kombination aus unsicheren Fakten und Regeln Schlüsse gezogen werden können, welche mit einer Plausibilität versehen sind. Diese Art von Schlussfolgerungen wird unscharfes Schließen (Fuzzy Reasoning) genannt. Um Probleme zu lösen, bei denen Informationen aus Daten und Wissensdatenbanken kombiniert werden müssen, sind Verfahren erforderlich, welche beide Arten von Informationen in einem gemeinsamen Lernalgorithmus verknüpfen. Diese Form von künstlicher Intelligenz wird als hybride künstliche Intelligenz bezeichnet, weil unterschiedliche Informationstypen und Algorithmen verknüpft werden. So existieren bereits erste Forschungsansätze, welche die Integration von unscharfem Schließen und tiefen neuronalen Netzen entwickeln, wobei noch nicht absehbar ist, ob sich die Verfahren der hybriden KI oder das Transferlernen durchsetzen werden.[43]

---

[42] Vgl. Paaß/Hecker (2020) S. 224, S. 421.
[43] Vgl. Paaß/Hecker (2020) S. 228, S. 421 f.

2.6   Anwendungen der künstlichen Intelligenz

Die großen Fortschritte in der künstlichen Intelligenz (KI) gehen in den letzten
Jahren hauptsächlich auf tiefe neuronale Netze zurück, während die symbolische
künstliche Intelligenz, welche intelligente Systeme durch logisches Schließen aus
Fakten und Regeln erzeugt, eher eine Nebenrolle innehat. Zu den Anwendungsbereichen der tiefen neuronalen Netze zählen die Bildverarbeitung (Bilderkennung),
die Spracherkennung, die maschinelle Übersetzung in eine andere Sprache, die
Beantwortung von Fragen, natürlichsprachige Dialoge mit Personen, Brett- und
Videospiele sowie selbstfahrende Autos, wobei im Vordergrund die Interpretation von Mediendaten, wie u. a. von Bildern, gesprochener Sprache oder Texten,
steht. Daneben gibt es integrierte Anwendungen, welche die Interpretation von
Sensordaten, die Ableitung einer optimalen Handlungsstrategie und das Agieren
in einer Welt, wie im Spielebereich oder bei selbstfahrenden Autos, einschlie-
ßen.[44] Hiernach können die Bereiche Natural Langage Processing (natürliche
Sprachverarbeitung), Natural Image Processing (natürliche Bildverarbeitung),
Expertensysteme sowie Cognitive Computing und Robotics abgeleitet werden,
welche im Folgenden thematisiert werden.[45]

2.6.1 Natural Language Processing

Im Rahmen des Natural Language Processing (NLP), der Verarbeitung natürlicher Sprache, werden Algorithmen entwickelt, welche es Maschinen ermöglichen,
automatisch die natürliche menschliche Sprache zu verstehen und zu erzeugen, wobei zwischen geschriebener und gesprochener Sprache zu differenzieren
ist. Hierbei wird ein Eingangsmedium (Sprache oder Papierdokument) über die
automatische Erkennung von menschlicher Sprache (Automatic Speech Recognition, ASR) oder die optische Zeichenerkennung (Optical Character Recognition,
OCR) zu einem digitalisierten Text verarbeitet. Dieser Bereich ist eine spezifische
Form der automatisierten Mustererkennung, welche auch sprachliche Intelligenz
genannt wird.[46]

---

[44] Vgl. Paaß/Hecker (2020) S. 11, S. 15 ff., S. 40.

[45] Vgl. Kreutzer/Sirrenberg (2019) S. 26 ff.; Stiemerling (2020) S. 49 ff.

[46] Vgl. Hilbert/Neukart u. a. (2019) S. 178; Kreutzer/Sirrenberg (2019) S. 28; Paaß/Hecker
(2020) S. 167.

Geschriebene Texte liegen immer als Sequenzen vor, z. B. die Sequenz von Wörtern in einem Textdokument, welche maschinelle Verfahren zur Textverarbeitung auswerten können müssen (Textanalyse). Zu den weiteren Herausforderungen gehören die Vielzahl von Wörtern sowie die kreative Bildung neuer Wörter einer Sprache, z. B. als Komposita. Im Zuge der Entstehung der automatischen Verarbeitung von Texten wurden Grammatiken entwickelt, um die formale grammatische Struktur der Sprache zu erfassen, sind erste Chatbots (Dialogsysteme) für Dialoge zu kleinen Themenbereichen entstanden, welche Regeln verwenden, sowie spezielle tiefe neuronale Netze für Sequenzen, wie das Long Short-Term Memory (LSTM) Netz, entwickelt worden, das besonders lange Zusammenhänge erfassen kann und durch das Aufkommen der Grafikprozessoren (GPU) ermöglicht, immer komplexere Probleme, wie die automatische Übersetzung, zu lösen. Weiterhin kam die Idee auf, ein Wort durch einen Vektor von Zahlen zu repräsentieren (Embedding), wobei Wörter mit ähnlicher Bedeutung ähnliche Embeddings besitzen sollen. Mit der Entwicklung des Attention-Mechanismus wurde es schließlich möglich, eine inhaltliche Beziehung zwischen Wörtern herzustellen, auf deren Basis Transformer und Bidirectional Encoder Representations from Transformers (BERT) beruhen, welche die Lösung von Problemen in der semantischen Analyse von Sprache ermöglichen. So können sie u. a. aus großen Mengen nicht-annotierter Texte die innere Struktur von Sprache lernen, wobei sie profunde Kenntnisse über die Grammatik sowie über inhaltliche Zusammenhänge, einschließlich einem begrenzten Weltwissen, erlernen.[47]

Tiefe neuronale Netze verarbeiten textuelle Eingaben in der Regel als Embeddings in Form von Vektoren, womit Wörter so kodiert werden, dass sie in den Netzen verarbeitet werden können. Sie wurden zunächst mit vortrainierten Modellen berechnet (Word2Vec) und können mittlerweile gleichzeitig mit dem Modell trainiert werden. Dabei müssen Sprachmodelle das jeweils nächste Wort eines Satzes prognostizieren können, indem sie die grammatikalischen und inhaltlichen Zusammenhänge der Wörter in einem Text erkennen und somit grammatikalisch korrekte und inhaltlich konsistente Texte erzeugen können. Diese Sprachmodelle wurden im Laufe der Entwicklung stetig erweitert. Beim Modell Long Short-Term Memory (LSTM) kodiert das erste Encoder-LSTM den Eingabesatz in einen verborgenen Vektor, während das zweite Decoder-LSTM diesen verborgenen Vektor in einen Satz der Zielsprache dekodiert. Mithilfe des Attention-Mechanismus wird die Ähnlichkeit zwischen den verborgenen Vektoren berechnet, wonach die verborgenen Vektoren des Encoder-LSTM zur Erzeugung des Ausgabewortes benutzt werden. Mit dem Transformermodell wird

---

[47] Vgl. Paaß/Hecker (2020) S. 167 f., S. 243 ff.

dieser Mechanismus erweitert, welcher ihn in vielen Schichten parallel durchführt. Zudem können kontextsensitive Embeddings erzeugt werden, welche sehr viele Informationen über die Nachbarwörter enthalten, wodurch Übersetzungsmodelle bei gleicher oder höherer Genauigkeit schneller trainierbar werden. Das BERT-Modell basiert auf dem Transformermodell, das mit sehr vielen Schichten ausgestattet wurde und auf sehr großen Textsammlungen trainiert, sodass es als Sprachmodell die bislang höchste Genauigkeit erreicht hat. Es bietet zudem die Möglichkeit, Weltwissen aus einer großen Textkollektion zu extrahieren, z. B. über SWAG (Situations with adversarial Generations), einem Datensatz zum Testen von Weltwissen, bestehend aus 113.000 Fragen zu einer vorgegebenen Situation mit jeweils vier Antwortmöglichkeiten, oder BookCorpus und Wikipedia mit ca. 3,3 Mrd. Worten. Das BERT-Modell ist durch Transferlernen auf eine große Zahl von semantischen Problemen anwendbar, wie z. B. bei der Beantwortung von Fragen oder der Testung logischer Folgerungen, die im Bereich der Textinterpretation oft genauer sind als beim Menschen. Die Beschreibung von Bildern durch Text kann z. B. durch ein Convolutional Neural Network (CNN) zur Bildverarbeitung, einem anschließenden LSTM-Encoder und einem LSTM-Decoder, welcher den Text generiert, ermöglicht werden, allerdings ist die Genauigkeit dieser Modelle noch wesentlich schlechter als beim Menschen. Die Umsetzung erfolgt über Trainingsdaten, bei denen die im Bild enthaltenen Objekte durch Bildunterschriften annotiert sind, wobei meist eine Beschreibung der im Bild sichtbaren Aktionen fehlt, wofür ebenfalls Trainingsdaten erforderlich sind, sodass ein KI-System eine visuelle Szene zu verstehen lernen kann. Um Textfehler zu reduzieren, können Trainingsdaten durch simulierte Fehler erweitert werden, wodurch eine höhere Robustheit erzielt wird. Adversariale Angriffe, wie z. B. die Manipulation von Klassifikationsergebnissen, sind weniger möglich, da Textmodifikationen leicht erkannt werden können.[48]

Bei der Spracherkennung wird hingegen die gesprochene Sprache in Audiosignalen und die Übertragung von Sprache in Text erfasst, sodass damit viele Geräte, wie z. B. im Smart Home, verbal gesteuert werden können. Darüber hinaus sind durch Spracherkennung viele Dialoganwendungen möglich geworden, wie z. B. die zentrale Rufannahme in Unternehmen oder durch persönliche Assistenten. Zur Verarbeitung der gesprochenen Sprache werden Sequence-to-Sequence-Modelle (tiefe neuronale Netze) auf der Basis von Long Short-Term Memory (LSTM), welche den erkannten Text ausgeben, genutzt. Daneben können zur Spracherkennung auch Convolutional Neural Networks (CNN) sowie Hybridmodelle aus Sequence-to-Sequence- (rekurrenten) sowie CNN-Modellen

---

[48] Vgl. Paaß/Hecker (2020) S. 167 ff., S. 243 ff.

verwendet werden, wobei letztere geringere Erkennungsfehler als Menschen erzielen. Für die Erzeugung von Sprache aus Text sind tiefe neuronale Netze erforderlich, welche eine sehr weitreichende zeitliche Abhängigkeit des Audiosignals erfassen können, wie z. B. WaveNet mit seinen gedehnten CNN-Schichten, womit die gesprochene Sprache sehr naturgetreu reproduziert werden kann. So können Sprachassistenten, wie Siri und Alexa, nach der Eingabe verbaler Anweisungen u. a. gezielte Nutzerfragen beantworten (Frage-Antwort-Assistent), Dialoge führen (Auftragsassistent) und Gesprächsthemen wechseln (Konversationsassistent). Bei Videos, welche eine Mischung aus Bild und Ton darstellen, können die Ereignisse in einem Video mit Varianten von dreidimensionalen Convolution-Schichten klassifiziert werden (Videoklassifikation), während die Beschreibung von Videos durch Untertitel z. B. mithilfe von Transformer-Übersetzungsmodellen erfolgen kann (Video-Untertitelung). Die Genauigkeit der Spracherkennung kann durch eine bessere Aufnahmetechnik oder durch das Training mit verrauschten Daten erhöht werden. Wie bei der Bilderkennung sind auch bei der Spracherkennung adversariale Angriffe möglich, sofern der Angreifer Zugang zum Sprachsystem hat, wobei bereits kaum hörbare Änderungen des Eingangssignals andere Wortausgaben verursachen können.[49]

Im Rahmen des Natural Language Processing (NLP) werden die folgenden vier Anwendungsformen Speech-to-Text, Speech-to-Speech, Text-to-Speech und Text-to-Text unterschieden. Bei dem Verfahren Speech-to-Text wird das gesprochene Wort unmittelbar zu einem digitalen Text verarbeitet, wenn z. B. E-Mails oder Notizen in das Smartphone diktiert werden (z. B. Siri). Bei der Anwendung Speech-to-Speech kann eine Spracheingabe in Deutsch unter Anwendung der sog. Natural Language Generation (NLG) unmittelbar in andere Sprache übersetzt werden (Sprachausgabe). Dabei wird die gesprochene Sprache zunächst in einen digital vorliegenden Text umgewandelt, interpretiert, verarbeitet und anschließend ein digitaler Text als Antwort erzeugt, welcher dann gesprochen wird. Die Anwendung Text-to-Speech erstellt auf Basis digitaler Dokumente eine gesprochene Version des Textes, wie z. B. E-Mails oder SMS und andere Inhalte. Schließlich wird bei der Methode Text-to-Text ein elektronisch vorliegender Text mithilfe eines Übersetzungsprogramms in eine andere Sprache in Textform überführt (z. B. DeepL, Google Translate).[50]

---

[49] Vgl. Paaß/Hecker (2020) S. 249 ff., S. 287 ff.
[50] Vgl. Kreutzer/Sirrenberg (2019) S. 28 ff.

2.6.2 Natural Image Processing

Im Rahmen des Natural Image Processing (NIP) werden Signale verarbeitet, welche Bilder, wie Fotos und Videos, repräsentieren. Das Resultat ist entweder ein Bild oder ein Datensatz, welcher die Merkmale des verarbeitenden Bildes wiedergibt, was als Bilderkennung bezeichnet wird. Bei der Bilderkennung werden mithilfe automatischer Verfahren auf der Basis tiefer neuronaler Netze Objekte in Bildern identifiziert und interpretiert, wobei die Objekte im Bild Klassen (Namen) zugeordnet (Objektklassifikation) und Positionen der Objekte lokalisiert werden (Objektlokalisation). Dabei handelt es sich wie bei der Sprachverarbeitung um eine spezifische Form der Mustererkennung, welche als visuelle Intelligenz bezeichnet wird. Eine Auswertung von Bildern liegt vor, wenn Personen, Lebewesen oder Gegenstände auf Bildern oder in Videos erkannt werden. Die Bilderkennung wird auch eingesetzt, um Bilder zu finden, welche einer Vorlage ähneln. Dabei werden die eingesetzten Algorithmen durch Hunderttausenden von Bildern, welche verschiedene Objekte mit entsprechenden Beschreibungen zeigen, trainiert, wobei sich das System lediglich auf die reine Mustererkennung fokussiert, ohne die inhaltliche Bedeutung des Bildes verstehen zu können. Eine solche Bilderkennung wird auch zur Einlasskontrolle (Gesichtserkennungssystem) von Mitarbeitern in Unternehmen verwendet.[51]

Zur Bilderkennung wird die Convolution-Schicht nach biologischen Vorbildern entwickelt, welche aus einem kleinen rezeptiven Feld, dem Bereich von Sinnesrezeptoren, besteht und mit einer Parametermatrix linear transformiert wird. Das rezeptive Feld berechnet für jede Position einen Wert, der in der zugehörigen Merkmalsmatrix gespeichert wird, wobei in jeder Convolution-Schicht viele unterschiedliche Merkmalsmatrizen berechnet werden. Durch das sog. Pooling wird die Anzahl der Merkmale reduziert und in den nachfolgenden Convolution-Schichten werden diese Merkmale weiter transformiert. Bei diesem Netz handelt es sich um ein Convolutional Neural Network (vgl. Abschn. 2.4.2). Mittlerweile existieren fortgeschrittene Netze mit Hunderten von Schichten, die besser als Menschen Objekte klassifizieren können. Während auf den unteren Schichten einfache Merkmale extrahiert werden, werden diese mit steigender Höhe der Schichten immer komplexer. Die Objektlokalisation in Bildern erfolgt mit umschließenden Rechtecken (Bounding-Boxen) oder durch Markierung der Pixel eines Objektes, sodass sie auch für hochentwickelte Verwendungen, wie z. B. autonome Autos, eingesetzt werden können. Grundsätzlich enthält ein Bild

---

[51] Vgl. Kreutzer/Sirrenberg (2019) S. 36 ff.; Paaß/Hecker (2020) S. 119 ff., S. 163.

mehrere Objekte, von denen die wichtigsten klassifiziert und durch Bounding-Boxen lokalisiert werden. Um die Position der Objekte genauer zu bestimmen, werden die Pixel eines Objektes identifiziert (Objektsegmentierung). Insbesondere Gesichter werden mittlerweile mit hoher Sicherheit erkannt und zugeordnet, wohingegen bei Massenüberwachungen es noch zu vielen Fehlzuordnungen kommen kann. Neben der Anfälligkeit gegenüber Bildverzerrungen, welche die Erkennungsleistung stark reduzieren, kann es bei diesem Verfahren zu adversarialen Angriffen kommen, bei denen ein Eindringling versucht, sofern er Zugang zum Modell hat, das Erkennungsergebnis zu verfälschen (vgl. GAN). So kann bereits eine kleine Veränderung des Bildes dazu führen, dass es vom Modell einer anderen Klasse zugeordnet wird. In diesem Umfeld besteht weiterer Forschungsbedarf an verbesserten Abwehrmaßnahmen.[52]

2.6.3 Wissensbasierte Expertensysteme

Zu einem der möglichen Einsatzfeldern von künstlicher Intelligenz (KI) gehört die Entwicklung von wissensbasierten Expertensystemen, welche Menschen bei der Lösung komplexer Fragestellungen auf der Grundlage einer systemtechnisch verfügbaren Wissensbasis unterstützen können, wobei folgende Komponenten von Expertensystemen unterschieden werden: Komponenten zum Wissenserwerb, Komponenten zur Entwicklung von Problemlösungen sowie Komponenten zur Kommunikation von Lösungen.[53]

Bei diesen Systemen handelt es sich um Computerprogramme, welche das Wissen über ein spezielles Gebiet speichern (Komponenten zum Wissenserwerb) und sammeln, aus dem Wissen Schlussfolgerungen ziehen (Komponenten zur Entwicklung von Problemlösungen), um somit konkreten Problemen eines Gebietes Lösungen und Handlungsempfehlungen, welches sie aus einer Wissensbasis ableiten, anbieten zu können (Komponenten zur Kommunikation von Lösungen). Expertensysteme bilden das Wissen von Experten ab, wobei das Wissen eines Expertensystems auf eine spezialisierte Informationsbasis beschränkt bleibt, welche kein allgemeines und strukturelles Wissen über die Welt beinhaltet. Für die Entwicklung eines Expertensystems ist es erforderlich, das Wissen des Experten in Regeln zu fassen, es in eine Programmiersprache zu übersetzen und mit einer Problemlösungsstrategie zu bearbeiten. Basis hierfür ist eine Architektur, welche aus einer Wissensbasis, die das regelbasierte Wissen und den

---

[52] Vgl. Paaß/Hecker (2020) S. 119 ff., S. 163 f.
[53] Vgl. Kreutzer/Sirrenberg (2019) S. 41 f.

Arbeitsspeicher mit dem fallspezifischen Wissen enthält, einer Wissensverarbeitungskomponente, einer Problemlösungskomponente (Ableitungssystem), einer Erklärungskomponente, mit der die Schlussfolgerung erklärt wird, einer Wissenserwerbskomponente, welche den Aufbau der Wissensbasis unterstützt, und einer Dialogkomponente für die Kommunikation mit dem Expertensystem besteht. Das Wissen stellt somit den Schlüsselfaktor dar, wobei zwischen Wissen unterschieden wird, welches die Fakten des Anwendungsbereichs aus Lehrbüchern und Zeitschriften umfasst (generisches Wissen), sowie aus heuristischem Wissen, das die Praxis im jeweiligen Anwendungsbereich beinhaltet (fallspezifisches Wissen), auf dem Urteilsvermögen und Problemlösungspraxis im Anwendungsbereich beruhen und das aus Erfahrung erlernt wird. Interdisziplinär ausgebildete Wissensingenieure müssen die Expertenregeln der menschlichen Experten in Erfahrung bringen, in Programmiersprachen abbilden und anschließend in ein Arbeitsprogramm umsetzen, woraus sich die Komponente des Wissenserwerbs entwickelt. Die Erklärungskomponente dient dazu, die Untersuchungsschritte des Expertensystems den Benutzern zu erklären, während die Dialogkomponente die Kommunikation zwischen dem Expertensystem und den Experten des jeweiligen Bereichs für Aufbau und Entwicklung sowie den Benutzern (Anwendern) des Systems umfasst.[54]

Experten verfügen über eine Fachausbildung und umfassende praktische Erfahrungen über besonderes Wissen. Sie verwenden heuristisches Wissen, das gegenüber reinem Fachwissen anders strukturiert und qualitativ unterschiedlich ist in Bezug auf Inhalt, Quantität, Abstraktion und Verknüpfung von Sachverhalten und Lösungen.[55] Die Wissensbasis repräsentiert das formalisierte Expertenwissen meistens in Form von Wenn-dann-Regeln, sodass Expertensysteme das aus Fakten und Regeln bestehende Wissen interpretieren und eigene Schlussfolgerungen ableiten können. Mithilfe der Wissenserwerbskomponente, welche auch die Vollständigkeit und Konsistenz des gespeicherten Wissens prüft, wird die Wissensbasis erweitert, welche die benötigten Funktionen hierfür zur Verfügung stellt. Zudem lassen sich neue Fakten und Regeln zum vorhandenen Wissen hinzufügen. Regelbasierte Expertensysteme, welche mit vorgegebenen Wenn-dann-Regeln arbeiten und Probleme durch das Finden und Anwenden der zur Problemstellung passenden Regeln lösen, bestehen aus einer Datenbasis mit den gültigen Fakten, den Regeln zur Herleitung neuer Fakten und dem Regelinterpreter (Inferenzmaschine) zur Steuerung des Herleitungsprozesses, wobei die Inferenzmaschine entscheidet, wie und in welcher Reihenfolge oder Form die

---

[54] Vgl. Beierle/Kern-Isberner (2019) S. 17 f.; Luber (2019); Mainzer (2019) S. 43 f. Abb. 4.1.
[55] Vgl. Beierle/Kern-Isberner (2019) S. 11 f.

Regeln zur Lösung eines Problems herangezogen werden, während eine sog. Erklärungsmaschine das Zustandekommen der Problemlösungen und Handlungsempfehlungen dem Anwender verständlich macht. Für die Verknüpfung der Regeln ist entweder eine Vorwärtsverkettung oder eine Rückwärtsverkettung möglich. So wird bei der datengesteuerten Vorwärtsverkettung auf der Grundlage der Datenbasis aus den Regeln, deren Vorbedingung durch die Datenbasis erfüllt ist, eine Regel ausgesucht, ihre Aktion ausgeführt und die Datenbasis geändert. Bei der zielgesteuerten Rückwärtsverkettung werden dagegen ausgehend von einem Ziel nur die Regeln überprüft, deren Aktion das Ziel enthält, sodass sie sich insbesondere bei unbekannten Fakten der Wissensbasis eignet. Das komplexe Grundwissen eines qualifizierten Experten muss einer gegliederten Datenstruktur in einem Expertensystem entsprechen. Hierfür werden alle Aussagen (Eigenschaften) über ein Objekt in einer schematischen Datenstruktur zusammengefasst.[56] Experten zeichnen sich dadurch aus, dass sie Unsicherheiten einschätzen können, wie z. B. in der Medizin bei der Symptomerhebung oder Symptombewertung. So wird auch in Expertensystemen nicht die klassische Logik zwischen wahr und falsch zugrunde gelegt, sondern es werden ebenfalls Unsicherheitswerte, wie z. B. wahrscheinlich oder möglich, angenommen. Folglich haben auch Wissensrepräsentationen von Experten Unsicherheitsfaktoren zu berücksichtigen. Zudem können neue Informationen, welche in der Wissensbasis noch nicht berücksichtigt wurden, alte Ableitungen ungültig machen. Demnach ist in einem Expertensystem, sobald sich die Eingabedaten der Wissensbasis ändern, die Bewertung von Schlussfolgerungen neu zu berechnen.[57]

Neben regelbasierten Expertensystemen kommen auch fallbasierte oder klassifizierende Systeme zum Einsatz. So recherchieren fallbasierte Systeme bei einer bestimmten Problemstellung ähnliche Fälle in ihrer Wissensbasis und übertragen anschließend das Ergebnis auf den aktuell zu lösenden Fall. Bei einem klassifizierenden Expertensystem werden mithilfe von Entscheidungsbäumen eigenständige Lernprozesse generiert. Hierbei kommt das sog. induktive Lernen zum Einsatz, womit aus gegebenen Fakten Thesen für neue Problemstellungen abgeleitet werden. Das wesentliche Ziel der Expertensysteme ist es, den Menschen in einem definierten Fachgebiet bei der Lösung von Problemen zu unterstützen, wie z. B. bei medizinischen Diagnosen oder bei der Fehlersuche in IT-Systemen. Damit können Experten von Routineaufgaben entlastet, zentralisiertes Expertenwissen in die Fläche gebracht, die Sicherheit in kritischen Situationen erhöht oder die

---

[56] Vgl. Beierle/Kern-Isberner (2019) S. 73 ff.; Luber (2019); Mainzer (2019) S. 45 ff.

[57] Vgl. Beierle/Kern-Isberner (2019) S. 11 f.; Mainzer (2019) S. 50 ff.

Qualität eines Produktes verbessert werden. Zu den typischen Aufgabenstellungen gehören die Interpretation von Daten durch den Vergleich von Soll- und Ist-Werten, die Klassifizierung von Ereignissen, die Konfiguration komplexer Systeme unter Berücksichtigung verschiedener Bedingungen, das Erkennen von Fehlerursachen und die Reduzierung von Arbeitsfehlern, die Beseitigung kritischer Zustände durch das Einleiten von Aktionen, die Planung einer Folge von Aktionen zur Erreichung eines bestimmten Ziels, dialogorientierte, fachspezifische Beratung von Menschen sowie die Prognose von Ereignissen. Die verschiedenen Aufgaben können in unterschiedlichen Fachgebieten angewandt werden. So unterstützen Expertensysteme in der Medizin die Anwender bei Diagnosen oder die Auswertung von Röntgenaufnahmen. In der Chemie analysieren Expertensysteme die Struktur chemischer Verbindungen oder unterstützen bei organischen Synthesen. Daneben werden sie auch bei geologischen Erkundungen, der militärischen Aufklärung, bei Erdölbohrungen, Erdbebenvorhersagen, der Umweltentwicklung oder Überwachung und Steuerung von Kernreaktoren angewandt.[58]

2.6.4 Cognitive Computing

Cognitive Computing umfasst die Kombination unterschiedlicher wissenschaftlicher Modelle aus den Kognitionswissenschaften und Technologien der künstlichen Intelligenz (KI) und des künstlichen Lebens, das mithilfe evolutionärer Algorithmen autonome Systeme konstruieren, auf fundamentalen Prinzipien des Lebens (Mutation und Selektion) zurückgreifen und auf dem Computer simulieren kann. Damit lassen sich Lösungen formal modellieren, welche sich möglichst unmittelbar an den Prozessen der natürlichen Umwelt und des menschlichen Denkens orientieren.[59]

Systeme des Cognitive Computing verwenden Technologien der künstlichen Intelligenz (KI), wie Deep Learning oder Data Mining, um menschliche Lern- und Denkprozesse zu simulieren. Dabei sollen die Systeme auf der Basis von Erfahrungen selbstständig lernen sowie durch die Analyse der Datenbasis eigene Lösungen und Strategien entwickeln können, wobei sie in Echtzeit mit ihrem Umfeld interagieren und große Datenmengen (Big Data) speichern sowie in hoher Geschwindigkeit verarbeiten und analysieren. Somit sind die kognitiv arbeitenden

---

[58] Vgl. Luber (2019).
[59] Vgl. Haun (2014) S. 4 ff., S. 122 ff.

Systeme nicht im Vorfeld auf konkrete Problemlösungen programmiert. Kernelement des Cognitive Computing sind Algorithmen des maschinellen Lernens, welche die vorliegenden Daten kontinuierlich nach Mustern analysieren und die Analysen ständig verfeinern. Viele kognitive Systeme nutzen zudem die Spracherkennung für die direkte Kommunikation mit dem Menschen. Wesentliche Voraussetzung für das Cognitive Computing ist die Fähigkeit, aus den gemachten Erfahrungen selbstständig zu lernen und die eigenen Lösungsansätze ständig zu reflektieren. Zudem muss die Kommunikation mit den Menschen und dem Umfeld des Systems interaktiv und in Echtzeit erfolgen, sodass diese die Denkprozesse des menschlichen Gehirns simulieren können. Außerdem müssen sie berücksichtigen, dass sich Informationen ändern können oder nicht eindeutig sind. Hierfür müssen die Daten nahezu in Echtzeit verarbeitet und sämtliche Informationen in ihrem Kontext wahrgenommen werden. Zu den kontextbezogenen Merkmalen gehören u. a. die Zeit, der Ort und Personen, welche die Bedeutung von Informationen beeinflussen. Als Eingabe dienen text-, sprach- oder gestenbezogene Informationen.[60]

Um im Rahmen des Cognitive Computing riesige Datenmengen unterschiedlichster Art (Big Data) speichern, schnell verarbeiten und verstehen zu können, welche in der Regel in unstrukturierter Form vorliegen, sind statt der herkömmlichen relational arbeitenden SQL-basierten Datenbanksysteme No-SQL[61]-Ansätze zu verfolgen, welche große Datenmengen in nahezu Echtzeit verarbeiten können. Systeme des Cognitive Computing werden bereits in verschiedenen Bereichen eingesetzt, so in der voraussehenden Wartung (Predictive Maintenance), im E-Commerce für Produktempfehlungen, in der Robotik, in der virtuellen Realität (Virtual Reality, VR) und im Internet of Things (IoT). So können kognitive Systeme im E-Commerce auf Basis von analysiertem Kundenverhalten und Nutzerprofilen passende Produktempfehlungen liefern, wobei Sprachcomputer in Telefon-Hotlines die Eingaben und Anliegen der Anrufer erkennen und selbstständig geeignete Lösungen anbieten können. Suchmaschinenanbieter nutzen Cognitive Computing, um bessere Ergebnisse für Suchanfragen bereitzustellen, wobei komplexe, mehrstufige Suchanfragen besser verstanden werden und Ergebnisse mit einer höheren Relevanz geliefert werden können. In der Medizin existieren Systeme, welche Radiologen bei der Analyse von Röntgenbildern oder MRT[62]-Befunden unterstützen, sodass die Fehlerquote bei Diagnosen gesenkt

---

[60] Vgl. Luber (2017b).
[61] Not only Structured Query Language.
[62] Magnetresonanztomografie.

und das Übersehen von Krankheitsbildern verhindert werden kann. Hierfür müssen die Systeme mit einer Vielzahl an radiologischen Bildern ausgestattet sein und mithilfe von künstlicher Intelligenz (KI) trainiert werden. Im Rahmen des autonomen Fahrens lernen kognitive Computersysteme mithilfe von Sensordaten, GPS[63]-Informationen und bereits gemachten Erfahrungen, Fahrzeuge selbstständig zu fahren und im Falle bestimmter Ereignisse die richtigen Entscheidungen zu treffen. Schließlich wird Cognitive Computing auch in der Gesichtserkennung angewandt.[64]

2.7   Einsatzgebiete der künstlichen Intelligenz

Die künstliche Intelligenz (KI) hat mit ihren bisherigen Möglichkeiten, wie u. a. der Bild- und Spracherkennung, der maschinellen Übersetzung und der Assistenzsysteme, bereits Ergebnisse erreicht, welche über die Fähigkeiten des Menschen hinausgehen. Dieser Prozess wird zukünftig weiter zunehmen und sich auf immer neue Bereiche menschlicher Leistungsfähigkeit erstrecken. Zudem schreitet die Geschwindigkeit der Entwicklung der künstlichen Intelligenz (ähnlich wie bei der Digitalisierung) sowie der ihr zugrunde liegenden Modelle stetig voran, um Abläufe effizienter zu machen und neue Geschäftsfelder zu erschließen oder alte zu ersetzen.[65] Zu den Anwendungsbereichen gehören u. a. die Industrie, die Energiewirtschaft, das Gesundheitswesen, die öffentliche Verwaltung, der Finanzsektor, die Mobilität (insbesondere das autonome Fahren), die automatisierte Fertigung und Produktion, die Sicherheitstechnik, die Landwirtschaft sowie die Logistik.

Mit dem Einsatz maschineller Verfahren können KI-Systeme große Datenmengen durch Mustererkennung und Modellbildung strukturieren und mit diesen Ergebnissen selbstständig bestimmte Entscheidungen treffen oder Funktionen ausführen, was auf der Basis komplexer festgelegter Algorithmen und/oder durch das Lernen der Verarbeitung großer Datenmengen erfolgt.[66] Betrieb und Nutzung von KI-Lösungen können dabei in den Anwendungsbereich der Datenschutz-Grundverordnung (DSGVO) fallen, sofern personenbezogene Daten generiert, verarbeitet und/oder gespeichert werden. Hierzu können auch maschinengenerierte Daten gehören, wenn diese einen Personenbezug aufweisen. Somit sind

---

[63] Global Positioning System.

[64] Vgl. Luber (2017b).

[65] Vgl. Wennker (2020) S. 163.

[66] Vgl. Roßnagel (2021).

Anwendungen der künstlichen Intelligenz (KI) nur dann zu verantworten, wenn sie datenschutzgerecht gestaltet sind und die Datenschutzgrundsätze, wie Transparenz, Zweckbindung und Datenminimierung, erfüllen. Darüber hinaus dürfen sie nicht mit den allgemeinen Verboten der Verarbeitung besonderer Kategorien von personenbezogenen Daten und der automatisierten Entscheidung, welche rechtliche oder beeinträchtigende Wirkungen haben können, kollidieren.[67] Im Folgenden werden datenschutzrechtliche Auswirkungen und Datenschutzanforderungen hinsichtlich der Datengewinnung und Datenverarbeitung für unterschiedliche Anwendungen künstlicher Intelligenz (KI) thematisiert.

Sprachassistenzen/Assistenzsysteme
Aktuelle Sprachassistenten, wie Alexa, Google Assistant, Siri, Cortana und Bixby, können nicht nur Informationen sehr schnell bereitstellen, sondern z. B. auch im Smart Home vernetzt werden und zur Steuerung dieser Technik dienen. Ihre Fähigkeiten wachsen mit der Entwicklung rasant an. Im Automobilbereich fungieren sie neben der Sprachsteuerung des Navigationsgeräts mittlerweile auch als „Intelligent Personal Assistent", z. B. des Autoherstellers BMW, indem sie Fragen zum Fahrzeug beantworten, sich mit Skype oder Microsoft Office vernetzen und auf explizite Hinweise des Fahrers auf sein persönliches Befinden reagieren können.[68]

Die Effektivität und Nützlichkeit persönlicher Assistenzsysteme mit Sprachsteuerung ist an eine umfassende Auswertung sowohl personenbezogener als auch anonymisierter Daten gebunden. So ist die Unterstützungsleistung erst dann realisierbar, wenn das System möglichst viel über die Eigenschaften, Verhaltensweisen oder Interessen der Nutzer weiß. Die Verarbeitung der Audiodaten sowie die maschinelle Umwandlung in Text können je nach Hersteller des Assistenten sowohl direkt in der Cloud als auch auf dem Gerät erfolgen, wobei im letzteren Fall nach der Verarbeitung der Daten ebenfalls eine Versendung in die Cloud erfolgt. Mit der Nutzung entsprechend weit entwickelter Assistenzsysteme scheinen in Abhängigkeit der Quantität und Qualität der Kommunikation mit dem System insbesondere die informationelle Selbstbestimmung und das Grundrecht auf Datenschutz bedroht zu sein.[69]

Anbieter von Sprachassistenten benötigen eine Vielzahl von Daten, um eine umfassende Assistenz zu ermöglichen, wobei diese Daten sich auf die Nutzer selbst, ihre Umgebung oder auf Dritte beziehen können und Rückschlüsse auf

[67] Vgl. Ballestrem/Bär u. a. (2020) S. 5; Roßnagel (2021).
[68] Vgl. Geminn (2021) S. 509 f.; Krebs/Hagenweiler (2021) S. 617 f.
[69] Vgl. Geminn (2021) S. 509 ff.

nahezu alle Lebensbereiche der Nutzer ermöglichen. Neben ihren aktiven Leistungen erfolgt auch eine umfassende Vernetzung dieser Sprachassistenten mit kompatiblen Geräten, wie u. a. zur Steuerung von Smart Home-Komponenten. Mit den anfallenden Sprachdaten erfolgt eine Informationssuche und Informationspräsentation der Assistenten, wobei Sprachdaten aussagekräftiger als textliche Eingaben sein können, da sie zusätzlichen Kontext, wie u. a. zum emotionalen oder gesundheitlichen Zustand der Nutzer, liefern können. Zudem können ungewollte Audiomitschnitte entstehen, was wiederum zusätzlichen Kontext liefert. Das erworbene Wissen dient dabei nicht nur dazu, eine hohe Qualität der angebotenen Dienste zu gewährleisten, sondern es auch für personalisierte Werbung zu nutzen, das allerdings bis zur getarnten Manipulation eingesetzt werden kann, indem sie die Nutzer zum Kauf bestimmter Marken oder zu politischen sowie religiösen Strömungen bewegen. So wurde über Amazon, Apple und Google bekannt, dass Audiomitschnitte der Sprachassistenten stichprobenartig abgehört und transkribiert wurden, wobei auch Zugriffe auf zugehörige Standortdaten und teilweise auf Adressdaten möglich waren. Als Begründung wurde zunächst auf die Nutzungsbedingungen der Sprachsysteme verwiesen, wonach eine Nutzung der anfallenden Audiomitschnitte zur Verbesserung der eingesetzten Technologie erfolgen würde. Durch die Verarbeitung der Audiodaten werden gemäß DSGVO besondere Kategorien personenbezogener Daten verarbeitet, wie die Stimme als biometrische Daten, mögliche Gesundheitsdaten oder Daten des Sexuallebens, welche auch ungewollt anfallen können. In diesem Kontext können betroffene Personen mit ihrer Einwilligung Aufzeichnungen zustimmen oder sich dagegen aussprechen. Allerdings müssen diese Daten durch entsprechende technische und organisatorische Maßnahmen gesichert werden.[70]

Der Grundsatz der Datenminimierung wird bei dem Einsatz von Sprachassistenten bei entsprechender Zwecksetzung im Rahmen der Verarbeitung personenbezogener Daten klar verfehlt. Hierbei gilt es, sowohl die rechtlichen Vorgaben einzuhalten und im Zuge der weiteren Entwicklung der digitalen Technologie auch weiterzuentwickeln, so z. B. im Hinblick auf die von der DSGVO geforderten Vorgaben zur Transparenz sowie auf den Grundsatz der „Privacy by Default", dem Prinzip der datenschutzfreundlichen Voreinstellungen. Zudem müssen den Nutzern effektive Kontrollmöglichkeiten zur Verfügung stehen, welche eine möglichst einfache Erfassung und Steuerung der Funktionsweise sowie der Datenverarbeitung

---

[70] Vgl. Art. 9 (1) DSGVO (2016); Geminn (2021) S. 511 ff.

bedingen. Bereits jetzt werden Anbieter dieser Assistenzsysteme der potenziellen Sensitivität und Personenbeziehbarkeit bei der Verarbeitung der Daten nicht ausreichend gerecht.[71]

Gesichtserkennung

Im Rahmen der biometrischen Gesichtserkennung erfolgt eine automatisierte Erkennung von Personen anhand physischer Merkmale des Gesichts. Hierfür werden zunächst Referenzdaten erhoben, was freiwillig, z. B. beim Einlesen der Daten bei einem privaten Vertragspartner, aufgrund allgemeiner gesetzlicher Pflicht, wie z. B. beim Reisepass, durch eine behördliche Einzelfallanordnung, durch heimliche Aufnahmen, wie z. B. durch Videoüberwachung, oder durch die Auswertung beliebiger bereits gespeicherter Bilder (Bilddaten) erfolgen kann. Anhand dieser Daten können je nach Algorithmus spezifische Merkmale extrahiert werden. Zum Vergleich mit den Referenzdaten werden neue Daten (Bilder, Videos) mit Gesichtern erhoben und hieraus spezifische Merkmale ausgelesen. Die Gesichtserkennung wird durch Lichtverhältnisse, Kamerapositionen oder Verdeckungen des Gesichts beeinflusst, sodass das Ergebnis nicht eindeutig, sondern als wahrscheinlich zu werten ist. Die Biometrie erfolgt mithilfe von Verfahren des maschinellen Lernens, um in dem Bildmaterial Muster erkennen und miteinander vergleichen zu können. Neben der maschinellen Intelligenz ist zudem eine menschliche Intelligenz erforderlich, welche die Vorschläge des biometrischen Systems im Vorfeld trainiert (Supervised Learning, vgl. Abschn. 2.3) sowie im Echtbetrieb bewertet und auswählt.[72]

Die biometrische Gesichtserkennung wird z. B. zur Zugangssicherung, im Rahmen der Grenzkontrolle oder für die polizeiliche Auswertung von Videomassendaten eingesetzt, wobei es sich bei den biometrischen verarbeiteten Gesichtsdaten immer um personenbezogene Daten handelt.[73] Aufgrund der ständig verbesserten Erkennungsgenauigkeit hat die biometrische Gesichtserkennung einen erheblichen Nutzen sowohl im Bereich der öffentlichen Sicherheit als auch für betriebliche Kontexte. Allerdings führt eine zunehmende Verbreitung von Kameras im öffentlichen und privaten Bereich zu einem unerschöpflichen Datenpool für die biometrische Identifizierung auf Basis von Gesichtsbildern. Im Verordnungsentwurf zur Regulierung der künstlichen Intelligenz der Europäischen Union (EU) vom 21.4.2021 ist bereits ein Verbot bestimmter Formen biometrischer Erkennung durch die Polizei vorgesehen, was auch für private Anbieter denkbar ist, indem z. B. für den privaten Bereich lediglich die Zulassung bestimmter, eng begrenzter Einsatzszenarien

---

[71] Vgl. Art. 25 (1–2) DSGVO (2016); Geminn (2021) S. 514.
[72] Vgl. Hornung/Schindler (2021) S. 515 f.
[73] Vgl. Hornung/Schindler (2021) S. 516, S. 517.

erlaubt ist und nicht wie bisher allein auf eine Einwilligung betroffener Personen gestützt werden kann.[74]

Autonome Fahrzeuge

Bereits seit längerem werden in Fahrzeugen über eingesetzte Sensoren Daten zum Zustand von Bauteilen, zum Fahrzeuginnenraum und zur Umgebung erfasst (Smart Cars), welche nach programmierten Algorithmen verarbeitet werden, um Funktionen im Fahrzeug zu ermöglichen. Darüber hinaus ermöglichen digitale Assistenzsysteme (siehe oben) eine Interaktion zwischen Menschen und Fahrzeug, Prädiktionssysteme planen Fahrrouten, Fahrerüberwachungssysteme erkennen den Zustand des Fahrers und automatisierte Fahrzeuge reagieren in Echtzeit auf Verkehrssituationen und interagieren situativ mit dem Umfeld des Fahrzeugs. Diese Systeme können anhand von Regeln, welche sie im Vorfeld durch maschinelles Lernen angeeignet oder trainiert haben, Daten selbstständig interpretieren, daraus Schlussfolgerungen ziehen sowie Entscheidungen treffen, um ein Ziel zu erreichen. Hierfür werden sowohl in der Lern- als auch später in der Betriebsphase der Systeme der künstlichen Intelligenz personenbezogene Daten in einem erheblichen Umfang aus verschiedenen Quellen verarbeitet. Zum Erlernen der Systeme sind Trainingsdaten zu echten Fahr- und Verkehrssituationen erforderlich, worunter auch personenbezogene Daten, wie Bild- und Videodaten, gehören, um damit Regeln auch für komplexe Verkehrssituationen und -anomalien zu entwickeln. So werden auch hochauflösende Bilder von Personen erzeugt, um das potenzielle Verkehrsverhalten von Personen erkennen zu können, woraus sich körperliche und ggf. biometrische Merkmale ablesen lassen.[75]

Daten werden sowohl in Entwicklungsfahrzeugen als auch in Kundenfahrzeugen erhoben. So werden Trainingsdaten in Entwicklungsfahrzeugen erzeugt, welche allerdings dem Zweck des Trainings dienen müssen und auf das notwendige Maß zu beschränken sind. Für die Fahrzeugentwicklung ist es darüber hinaus für das Training von künstlicher Intelligenz interessant, auch auf die Daten zugreifen zu können, welche nicht nur im Rahmen der Fahrzeugentwicklung, sondern auch im Kontext der realen Anwendung in Kundenfahrzeugen erzeugt werden. Mit der Shadow Mode Funktion, z. B. bei Tesla-Fahrzeugen, werden in Kundenfahrzeugen Daten genutzt, mit denen sie im Hintergrund zukünftige Realfunktionen simulieren, um das Verhalten im Realbetrieb validieren zu können, was aufgrund einer umfassenden und permanenten Datenerhebung den Prinzipien der Datenminimierung und

---

[74] Vgl. Hornung/Schindler (2021) S. 521.

[75] Vgl. Kroschwald (2021) S. 522 f.

Speicherbegrenzung widerspricht und zudem einer Einwilligung betroffener Personen bedarf. So ist es in vielen Fällen möglich, zugeordnete Daten zu Standorten oder zu Fahrzeugen frühzeitig zu aggregieren, zu pseudonymisieren und/oder unmittelbar nach der Analyse zu löschen. Im Rahmen der wissenschaftlichen Forschung kann eine Speicherung über die für den Primärzweck erforderliche Dauer hinaus verlängert werden, sofern dies erforderlich ist.[76] Da die erhobenen Daten im Fahrzeug sich häufig auf eine Vielzahl betroffener Personen beziehen, welche neben dem Fahrzeughalter und Fahrer weitere Fahrzeuginsassen sowie unbeteiligte Passanten betreffen, indem sie von der Sensorik und Kameras des Fahrzeugs erfasst werden, ist eine Einholung von Einwilligungen nur beschränkt oder gar nicht möglich und muss zudem für einen bestimmten Zweck erforderlich sein.[77]

Im Kontext des Anlernens von künstlicher Intelligenz wird daher von der Ethikkommission die Erforschung von Anonymisierungsverfahren gefordert, um einen Betrieb automatisierter Fahrzeuge (oder auch anderer automatisierter Systeme) datenschutzkonform zu ermöglichen (vgl. Abschn. 6.2). So werden im Rahmen der Anonymisierung von Bild- und Videodaten (eigentlich nur Pseudonymisierung) aktuell Technologien entwickelt, welche biometrische Merkmale von Menschen auf Bildern derart verändern können, welche den menschlichen Betrachtern nicht auffallen und maschinell aufgrund der veränderten Abbildungen von Personen nicht mehr einer bestimmten oder bestimmbaren Person zugeordnet werden können (vgl. Abschn. 7.2). Zudem können die Rohdaten direkt am Ort der Entstehung aggregiert werden, sodass keine personenbezogenen Inhalte an Entwickler und Anbieter übermittelt werden müssen. Darüber hinaus können im Rahmen des Grundsatzes „Privacy by Design" Identifikationsmerkmale, wie die Fahrzeugidentifikationsnummer, pseudonymisiert oder Standortdaten aus den Datensätzen entfernt werden. Nicht zuletzt können auch im Produkt integrierte Löschmechanismen, z. B. durch Rücksetzung auf Werkseinstellungen, zu einer datenschutzfreundlichen Erhebung der Daten und ihrer Speicherung beitragen.[78]

---

[76] Vgl. Kroschwald (2021) S. 523 f.
[77] Vgl. Kroschwald (2021) S. 525.
[78] Vgl. Art. 25 (1–2) DSGVO (2016); Kroschwald (2021) S. 527.

Big Data und Analysemethoden 3

Die durch innovative Systeme generierten Massendaten (sog. Big Data) zeichnen sich neben der Eigenschaft des (wachsenden) Datenvolumens (Volume) durch die Geschwindigkeit der Erzeugung und Verarbeitung von Datenströmen (Velocity), welche mit dem Datenvolumina in unmittelbarer Wechselwirkung stehen, sowie durch die Heterogenität strukturierter, semi- und unstrukturierter Daten mit verschiedenen Formaten und Strukturen aus einer Vielzahl unterschiedlicher Quellen (Variety) aus und sind daher möglicherweise mit einer gewissen Datenunsicherheit verbunden. Die Notwendigkeit der Datenverarbeitung in Echtzeit ist neben der Datenqualität und Vertrauenswürdigkeit der Massendaten eine wesentliche Voraussetzung, um die in den analysierten Daten enthaltenen Verzerrungen zu vermeiden. So wird als weiteres Merkmal dieser Massendaten die Eigenschaft der Aufrichtigkeit (Veracity) aufgeführt, welche sich auf die Richtigkeit, Vollständigkeit und Verlässlichkeit der Dateninhalte und damit auf die Datenqualität bezieht.[1] Als wesentliche Treiber des Datenwachstums werden die zunehmende (mobile) Internetnutzung, die steigende Nutzungsintensität von sozialen Netzwerken sowie die fortschreitende Digitalisierung von Produktion, Energieversorgung und Mobilität, Haushalt und Dienstleistungen gesehen. Nach Schätzungen soll das weltweit verfügbare Volumen elektronischer Daten bis zum Jahr 2025 auf ca. 175 Zettabytes[2] ansteigen.[3]

---

[1] Vgl. Dorschel (2015) S. 6 ff., S. 307, S. 308 ff.; Desoi (2018) S. 13 ff.; Huber (2018) S. 22; Gausling (2020) S. 14.

[2] Ein Zettabyte entspricht 10^{21} Bytes oder einer Milliarde (10^9) Terabytes (10^{12}).

[3] Vgl. Brühl (2019) S. 3 f.

© Green Excellence GmbH 2022
H.-A. Krebs und P. Hagenweiler, *Datenanonymisierung im Kontext von Künstlicher Intelligenz und Big Data*, https://doi.org/10.1007/978-3-658-37588-1_3

3.1   Daten und Informationen

Daten können von Menschen oder Maschinen ausgelesen werden, was ebenfalls auf syntaktische Informationen zutrifft, und beinhalten codierte Informationen. Die zunehmende Bedeutung von Daten hängt mit der technischen Weiterentwicklung der immer schnelleren Datenverarbeitung durch Maschinen zusammen. Die Informationen in den Daten sind als maschinenlesbare (strukturierte) Daten codiert. Dabei enthält das informationstechnische Datum keine wahrnehmbare semantische Information, sondern ist syntaktisch derart strukturiert, dass diese Information ausschließlich von einer Maschine extrahiert werden kann.[4] Auf der semantischen Ebene enthalten Daten Informationen und (numerische) Werte, welche durch Messung oder Beobachtung gewonnen werden, wobei sich der Wert von Daten nicht aus den Daten selbst, sondern aus ihrem Inhalt, dem sinnlich wahrnehmbaren Ergebnis, ergibt.[5]

Der Zugriff auf einen umfassenden Datenbestand ist eine wesentliche Voraussetzung für die Optimierung der Produktentwicklung, des Vertriebs und der Erschließung neuer Märkte. Daneben setzt auch die Generierung und Entwicklung einer erfolgreichen künstlichen Intelligenz (KI) einen möglichst großen Datenbestand voraus (Quantität), um möglichst gute Ergebnisse zu erzielen (Qualität). Damit steht die Entwicklung von KI-Tools zunächst im Widerspruch zu dem Grundsatz der Datenminimierung in der Datenschutz-Grundverordnung (DSGVO), wodurch europäischen Unternehmen der globale Wettbewerb im Umfeld der künstlichen Intelligenz mit China und den USA erschwert wird, was auch durch die weltweit führenden Plattformanbieter, darunter Apple, Amazon, Microsoft, Facebook und Alphabet in den USA oder Alibaba, Tencent und Samsung in China, veranschaulicht wird. Darüber hinaus können auch Betrieb und Nutzung von Lösungen im Kontext der künstlichen Intelligenz in den Anwendungsbereich der DSGVO fallen, sofern personenbezogene Daten generiert, verarbeitet oder gespeichert werden (vgl. Abschn. 2.7).[6]

---

[4] Vgl. Schmidt (2020) S. 20 f.
[5] Vgl. Ballestrem/Bär u. a. (2020) S. 4; Otte/Wippermann u. a. (2020) S. 14 f.
[6] Vgl. Ballestrem/Bär u. a. (2020) S. 5; Gausling (2020) S. 13 f.

3.2 Struktur der Daten

Daten, welche eine Ansammlung von Zeichen mit ihrer dazugehörigen Syntax umfassen, lassen sich u. a. anhand ihrer Struktur unterscheiden. So existieren unzählige Daten im Internet, deren semantische Informationen Maschinen nicht extrahieren können. Erst durch die Analyse von Big Data sind Algorithmen (Anweisungen) in der Lage, die semantischen Inhalte von Daten zu erfassen. Dabei wird zwischen strukturierten, unstrukturierten und semistrukturierten Daten unterschieden.[7]

Strukturierte Daten sind aufgrund ihres Formats und Inhalts eindeutig bestimmbar, wie z. B. Sensordaten. Sie folgen einem vorgegebenen Schema von Attributen mit einer definierten Bedeutung, dem sog. String. Strukturierte Daten sind in der Regel in relationale Datenbanktabellen abgelegt, welche in ähnlich strukturierten Dateiformaten vorliegen, wie z. B. Dateiformate einer Tabellenkalkulation. Diese Formate weisen eine feste Struktur auf, indem die in jedem Datensatz enthaltenen Daten einer bestimmten Reihenfolge, definierten Attributen und festgelegten Datentypen folgen. Damit sind die Datensätze durch manuelle Anwendungen oder Datenanalysetools durchsuch- und wiederauffindbar. Mit unstrukturierten Daten, welche die Mehrheit der im Umlauf befindlichen Daten darstellen, werden jene Daten bezeichnet, welche keine oder nur rudimentäre Ordnungskriterien aufweisen, wie z. B. eine Feldbezeichnung in einem Dokument oder eine Beschreibung über Form und Inhalt einer Datei, und somit durch relationale Datenbanken nicht erfasst werden können. Unstrukturierte Daten können Bilder, Video- und Tonaufnahmen oder Texte darstellen und stammen z. B. aus sozialen Medien, Blogbeiträgen oder Bild- und Videodateien. Semistrukturierte Daten stellen schließlich eine Mischform dar, wobei es sich z. B. um Daten aus Textverarbeitungsprogrammen, pdf-Dateien, Internetseiten (HTML[8]-Daten) oder E-Mails handelt, welche wenige beschreibende Elemente enthalten. In der Regel werden auch diese zu den unstrukturierten Daten gezählt, weil im Rahmen der Analyse von Massendaten (Big Data) der Fokus vor allem auf die inhaltlichen Daten liegt und diese unstrukturiert sind. Zu den eigentlichen semistrukturierten Daten gehören z. B. XML[9]-Dateien und Daten aus Tabellenkalkulationsprogrammen. Durch das Aufkommen neuer Technologien können mittlerweile auch semistrukturierte und unstrukturierte Daten durch selbstlernende Algorithmen

---

[7] Vgl. Cleve/Lämmel (2016) S. 37; Schmidt (2020) S. 47 ff.

[8] Hypertext Markup Language.

[9] eXtensible Markup Language.

analysiert werden.[10] Darüber hinaus werden als polystrukturierte Daten jene
Daten aus verschiedenen Quellen bezeichnet, wie u. a. IT- und Web-Logs, Social
Media oder Sensoren in Maschinen, Geräten und Gegenständen des IoT, welche
nicht in relationalen Datenbanken, sondern in Hadoop File Systemen gespeichert
werden (vgl. Abschn. 3.4).[11]

3.3 Datenwertschöpfungskette

Das Innovationspotenzial der Datenökonomie hängen neben der Vielfalt und
Qualität unternehmerischer Ideen über mögliche Anwendungen auch von der
Fähigkeit von Unternehmen ab, diese Ideen umzusetzen. Die Umsetzung wiederum kann von einem Zugriff auf relevante Daten abhängen, wobei entscheidend
ist, diese Daten im Sinne der verfolgten unternehmerischen Zwecke analysieren,
verwerten und verknüpfen zu können.[12] In Abhängigkeit der Entstehungsquelle
und des Inhalts lassen sich verschiedene Datentypen unterscheiden. Dies sind
öffentliche, nicht personenbezogene Daten, maschinell generierte Daten, Daten
aus internen IT-Systemen von Unternehmen sowie Nutzer- und Transaktionsdaten. Bei den öffentlichen Daten handelt es sich um Daten der öffentlichen
Verwaltung und der Behörden in elektronischer Form. Im Zuge der Verfügbarkeit dieser Daten als Open Data werden diese über standardisierte Schnittstellen
zunehmend zugänglich und somit für Unternehmen nutzbar gemacht, wie z. B.
das Open Data Portal der Europäischen Union (EU), um somit neue oder ver-
besserte Produkte und Dienstleistungen auf den Markt bringen zu können. Bei
den öffentlichen Daten kann es sich z. B. um geografische Karten, Ausschrei-
bungsdatenbanken oder Informationen zum öffentlichen Verkehr handeln. Bei
maschinengenerierten Daten, welche personenbezogen sein können, handelt es
sich um Sensoren und Nutzungsdaten von vernetzten Geräten, Maschinen und
Gegenständen über das IoT, welche Interessenskonflikte in Bezug auf die Daten
offenbaren. So werden z. B. während des Betriebs von Fahrzeugen erhebliche
Datenströme u. a. im Rahmen der Navigation, der Sicherheitssysteme und des
On-Board-Diagnosesystems erzeugt. Darüber hinaus werden über das Fahrver-
halten des Fahrers zusätzliche Daten generiert, wobei das Recht, diese Daten zu
sammeln und auszuwerten, beim Kauf des Fahrzeugs an den Fahrzeughersteller

---

[10] Vgl. Dorschel (2015) S. 309 f.; Cleve/Lämmel (2016) S. 38; Oettinger (2017) S. 18, S. 89;
Schmidt (2020) S. 47.
[11] Vgl. Gluchowski/Chamoni (2016) S. 109.
[12] Vgl. Schweitzer/Peitz (2017) S. 20.

abgetreten wird. Der Hersteller nutzt und verwertet diese Daten in strukturierter Form, teilweise in Zusammenarbeit mit Cloudanbietern, um u. a. Prognosen über den Verschleiß von Fahrzeugteilen zu erstellen. Am Zugang dieser Daten sind neben dem Hersteller auch andere Parteien interessiert, wie die Hersteller von Fahrzeugteilen, die Betreiber von Werkstätten oder die Anbieter von Kfz-Versicherungen. In diesem Kontext wurde die europäische Verordnung „über die Genehmigung und die Marktüberwachung von Kraftfahrzeugen und Kraftfahrzeuganhängern" erlassen, wonach Hersteller verpflichtet sind, unabhängigen Akteuren den uneingeschränkten diskriminierungsfreien Zugang zu weiten Teilen der gesammelten Daten, wie z. B. Diagnose, Reparatur und Wartung, zu gewähren. Daneben sind interne Unternehmensdaten für den Betrieb von Unternehmen erforderlich, wie insbesondere aus den Bereichen Personal, Vertrieb, Logistik, Kunden, Produktqualität und Zulieferermanagement. Analysen der internen Daten können eine Verbesserung der Unternehmensprozesse ermöglichen sowie das institutionelle Wissen der Unternehmen, sofern diese Daten verarbeitet werden, aktivieren. Schließlich handelt es sich bei den Nutzer- und Transaktionsdaten um Daten aus den Interaktionen von Nutzern mit Websites und Plattformen, sog. Logdateien und Protokolle, welche Aufschlüsse über abgeschlossene Transaktionen sowie über das Nutzungsverhalten auf der Webseite geben. Dabei wird den Händlern auf Online-Plattformen durch die Plattform ein großer Teil der Informationen über die eigene Transaktion vorenthalten, sodass teilweise die Interessen des Händlers mit denjenigen der Plattform kollidieren.[13]

Um einen Wert aus unbearbeiteten Daten (Rohdaten) zu erhalten, müssen diese aufbereitet werden, wofür Know-how und technische Ressourcen erforderlich sind. Hierfür müssen sie zunächst produziert und verarbeitet werden, bevor sie in Unternehmen eingesetzt werden können. Dies erfolgt im Rahmen einer Wertschöpfungskette mit den Produktionsschritten Gewinnung, Speicherung, Analyse und Verwertung, wobei der Ablauf je nach Datentyp differieren kann. Der Prozess der Datenwertschöpfung wird im Folgenden insbesondere auf die Sammlung personenbezogener Daten dargestellt.[14]

3.3.1 Datengewinnung

Im ersten Schritt der Datenwertschöpfungskette werden die Rohdaten durch die Erfassung des Systemzustands, der in den Daten dokumentiert wird, hergestellt,

---

[13] Vgl. Art. 3 Nr. 48, Art. 61 (9) EU Verordnung (2018); Falck/Koenen (2020) S. 6 ff.
[14] Vgl. Schmidt (2020) S. 82 f.

was als Datengewinnung bezeichnet wird. Hierfür müssen die Informationen zunächst in eine Zeichenform codiert werden, damit syntaktische Informationen entstehen können. Die Entstehung der syntaktischen Informationen der Daten, also die eigentliche Datenherstellung hat sich im Zuge der digitalen Dienste und des Internets rasant weiterentwickelt. Hiernach können aktiv und passiv nutzergenerierte Daten sowie maschinengenerierte Daten differenziert werden. In der Regel sammeln Unternehmen aktiv oder passiv nutzergenerierte Daten. Bei diesen Daten wird die Codierung von syntaktischen Informationen vom jeweiligen Nutzer vorgenommen, indem die Software die Eingaben (Text) des Nutzers in einen maschinenlesbaren Code umwandelt und speichert. Bei den erstellten Datensätzen kann es sich sowohl um strukturierte Daten in normalisierter Form (Speicherung in einer zeilen- und spaltenorientierten relationalen Datenbank) als auch um unstrukturierte in einer nicht normalisierten Form vorliegende Daten handeln. Dabei werden die Informationen codiert, womit Rohdaten entstehen. Während bei aktiv nutzergenerierten Daten der Nutzer die Daten willentlich erzeugt, damit er und/oder Dritte zu einem späteren Zeitpunkt auf diese Daten zugreifen können, wie z. B. die Anlegung von Adressdaten, ist die Codierung von passiv nutzergenerierten Daten vom Nutzer nicht bezweckt, sondern sie werden oft als Nebenprodukt einer Handlung des Nutzers erzeugt, wie z. B. bei Online-Suchmaschinen, und in einem Log-File hinterlegt. Im letzten Fall sind mindestens zwei Parteien an der Erzeugung der Daten beteiligt, zum einen der interagierende Nutzer, der aber nicht willentlich/wissentlich die Daten erzeugt, zum anderen das System des Unternehmens, welches das Nutzerverhalten in einer Logdatei protokolliert. Maschinengenerierte Daten umfassen syntaktische Informationen zumeist von Maschinen der elektronischen Datenverarbeitung oder Sensoren, welche ohne den Eingriff einer menschlichen Aktion anfallen, wobei spezielle Software den physischen Input, den die Maschine von Sensoren oder Kameras bezieht, virtualisiert (z. B. über Cyber-Physical-Systems (CPS), welche über eine Dateninfrastruktur, wie das Internet, miteinander kommunizieren und Daten ablegen). Allerdings können maschinengenerierte Daten einen semantischen Bezug zu einer natürlichen Person aufweisen, indem Maschinen z. B. durch die Rekombination bereits bestehender Daten oder durch die Dokumentation nicht-interaktiven menschlichen Verhaltens personenbezogene Daten verarbeiten.[15]

Unternehmen können relevante Daten je nach dem konkreten Markt- und Anwendungskontext auf unterschiedliche Weise erlangen. Neben dem Zugriff auf selbst erzeugte Daten, wie z. B. unternehmensinterne Maschinendaten zur Optimierung eigener Produktions- und Vertriebsabläufe (vgl. Abschn. 2.5), kann ein

---

[15] Vgl. Schmidt (2020) S. 41 ff., S. 83.

Zugang über Open Data, Primär- und Sekundärmärkte (Datenmarktplätze) sowie durch Data Sharing-Vereinbarungen erfolgen. Darüber hinaus können Dienstleistungen anderer Unternehmen in Anspruch genommen werden.[16] Open Data werden vom Staat oder Privaten hergestellt, welche ohne Einschränkung zur freien Nutzung, Weiterverbreitung und Weiterverwendung zur Verfügung stehen. Sofern diese Daten strukturiert und maschinenlesbar sind, können sie in einem Standardformat heruntergeladen, weiterverarbeitet sowie mit anderen Daten verknüpft werden. Bei Primärmärkten erfolgt der Zugriff von Daten unmittelbar beim Datenerzeuger, z. B. zur Entwicklung neuer Smart Services (vgl. Abschn. 2.5), während Sekundärmärkte den Zugriff von Daten anderer Unternehmen gegen Zahlung eines Entgelts ermöglichen, wobei zwischen durch bilaterale Verhandlungen geprägte Marktbeziehungen und stärker standardisierte Marktbeziehungen, z. B. über Datenhändler oder digitale Plattformen, unterschieden werden kann. Darüber hinaus sind Unternehmen über ein Data Sharing bereit, gegenseitig einen (regelmäßig begrenzten) Zugriff auf eigene Daten zu erlauben, z. B. zwischen Maschinenherstellern und Maschinennutzern. Eine weitere Möglichkeit des Zugriffs auf Daten kann schließlich die Nutzung von Datendienstleistungen sein (Märkte für Datenderivate), wobei die Konsumenten zwar keinen Zugriff auf die Daten, allerdings auf die für sie in einem bestimmten Kontext relevanten Ergebnisse einer Datenauswertung erhalten. Bislang dominieren die Eigenbeschaffung und Nutzung von maschinengenerierten Daten sowie das Modell des Data Sharing, während der Handel über Intermediäre (sekundäre Datenmärkte) noch wenig Bedeutung hat.[17]

Ein Datenmarktplatz bietet eine digitale Plattform für den Handel mit Daten als Informationsgut, welche als Kern neben den Daten (aus öffentlichen und nicht öffentlichen Quellen) auch Algorithmen u. a. zu deren Bereinigung, Veredelung sowie Aggregation umfasst und von Entwicklern bereitgestellt werden. Auf diesen Datenmarktplatz greifen Entwickler von Anwendungen sowie Analysten zu, welche Daten gegen Geld beziehen und meistens in ihre eigenen Anwendungen integrieren. Dieses Geld fließt wiederum an die Datenlieferanten und Algorithmen-Entwickler. Der Kern des Datenmarktplatzes unterteilt sich in die Verarbeitungsinfrastruktur sowie in die bereitgestellte oder zugelieferte Funktionalität. Zu den Hauptakteuren eines Datenmarktplatzes zählen Marktplatzbetreibende, Datenanbieter (Datenverkäufer) und Datennutzer (Datenkäufer). Datenmarktplatzbetreibende, welche zugleich Datenanbieter sein können, fungieren als Intermediäre zwischen Datennutzer und Datenanbieter, wobei sie die

---

[16] Vgl. Schweitzer/Peitz (2017) S. 15, S. 20.

[17] Vgl. Schweitzer/Peitz (2017) S. 7, S. 20 ff.

Daten der Datenanbieter sammeln und diese über Datenabfragen verkaufen. Die gewerblichen und nicht gewerblichen Daten werden den Datenmarktbetreibenden kostenlos, gegen Bezahlung oder durch eine andere Form der Entschädigung zur Verfügung gestellt. Die Daten werden wiederum von Datenanalysten und Anwendungsentwicklern gekauft.[18]

   Datenmarktplätze lassen sich in die vier Hauptklassen kommerzielle Datenmarktplätze, Datenmarktplätze für persönliche Daten, Datenmarktplätze für öffentliche Daten und Schwarzmärkte für illegale Daten untergliedern. Kommerzielle Datenmarktplätze stellen Daten von kommerziellen Datenanbietenden für kommerzielle sowie private Datennutzende bereit, wobei auf beiden Handelsseiten in der Regel gewinnorientierte Unternehmen stehen. Dabei können kommerzielle Datenmarktplätze ein breit gefächertes und generelles Datenangebot haben oder auf den Handel mit einer bestimmten Art von Daten spezialisiert sein. Zur ersten Gruppe gehören Plattformen wie Microsoft Azure Marketplace, Statista oder Advaneo Data Marketplace mit einem vielfältigen Angebot unterschiedlicher Daten, während spezialisierte Datenmarktplätze Datenmärkte für spezielle Themenfelder bieten, wie u. a. Caruso, ein Datenmarkt für Fahrzeuge, oder Acxiom mit Daten für unterschiedlichste Marketing-Anwendungen. Auf Datenmarktplätzen für persönliche Daten werden persönliche Daten von Privatpersonen angeboten, wobei es sich nicht um Kundendaten von Unternehmen handelt, sondern um Informationen, welche direkt von Privatpersonen auf dem Datenmarktplatz preisgegeben werden und im Gegenzug dafür eine Entschädigung meistens in Form einer bestimmten Funktionalität oder einer Dienstleistung, seltener in monetärer Form erhalten. Bei den Käufern handelt es sich wie bei den kommerziellen Datenmarktplätzen hauptsächlich um Unternehmen, welche die Daten für ihre Unternehmenszwecke, wie u. a. Marketingstrategien oder Produktverbesserungen, einsetzen möchten. Beispiele für diese Datenbanken sind DataFairPlay, BitsAboutMe oder bridgit.io. Datenmarktplätze für öffentliche Daten umfassen Datenangebote, welche kostenlos für jeden frei zugänglich sind, wie u. a. Daten von Regierungen und öffentlichen Verwaltungen, welche ihre Daten, wie z. B. statistische Auswertungen oder Protokolle, im Internet zur Verfügung stellen. Bei den Nutzern handelt es sich neben Privatpersonen auch um Unternehmen, welche die kostenlosen Daten nutzen, um ihr eigenes Datenangebot zu vergrößern oder durch Kombination mit eigenen Daten den Datensätzen einen neuen Wert verleihen. Zu diesen kostenlosen Datenmarktplätzen zählen u. a. die Portale GovData, das Datenportal für Deutschland, die mCloud des

---

[18] Vgl. Meisel/Spiekermann (2019) S. 3 ff.; BMWi (2020) S. 5 ff.; Vossen/Löser (2021) S. 149 ff.

Bundesministeriums für Verkehr und digitale Infrastruktur (BMVI), der MobilitätsDatenMarktPlatz (MDM) der Bundesanstalt für Straßenwesen (BASt) oder data.europa.eu, das offizielle Portal für Daten zu Europa. Bei Schwarzmärkten für gestohlene Daten handelt es sich um illegale Handelsplattformen, auf denen unrechtmäßig beschaffte oder gesetzeswidrig gesammelte Daten verkauft werden. Datenhandel kann verdeckt oder offen erfolgen. So kann ein verdeckter Datenhandel erfolgen, indem mit Kundendaten oder Logdaten gehandelt wird, ohne dass die Datenerzeuger davon Kenntnis erhalten, wie z. B. bei Google oder Facebook, welche Nutzerdaten zum Advertising nutzen oder verkaufen. Bei einem offenen Datenhandel wird mit den Daten über einen Datenmarktplatz gehandelt, zu dem jeder Zugang hat und eventuell vorhandene Zugangsvoraussetzungen erfüllt.[19]

3.3.2 Datenspeicherung

Nach Erfassung der Daten müssen diese auf einem Datenträger (Speichermedium) gespeichert werden, welcher die nötige Speicherkapazität aufbringen sowie einen schnellen Zugriff erlauben muss. Speichermedien werden durch Zugriffszeit, Datenrate und Speicherkapazität charakterisiert. Insbesondere im Rahmen von Big Data-Analysen ist es zudem erforderlich, dass die Software eine große Menge an unstrukturierten Daten gleichzeitig durchsuchen kann, um Auswertungen in Echtzeit zu ermöglichen.[20] So werden in großen Rechner- und Speichersystemen unterschiedliche Speichertechnologien zu Speicherhierarchien kombiniert, um sowohl einen schnellen Zugriff als auch große Speicherkapazitäten bei angemessenen Kosten zu erzielen. Darüber hinaus lassen sich die Speichermedien in Rechnersystemen in Primär-, Sekundär- und Tertiärspeicher differenzieren. Primärspeicher sind Speicher mit einem wahlfreien Zugriff, auf die der Prozessor direkt mit hoher Geschwindigkeit zugreifen kann, wie z. B. die Register eines Prozessors oder der Arbeitsspeicher, und welche einen sehr schnellen Zugriff ermöglichen, hinsichtlich ihrer Speicherkapazität aber begrenzt sind. Bei den Sekundärspeichern handelt es sich um Hintergrundspeicher mit einem indexsequenziellen (quasi-wahlfreien) Zugriff, wie z. B. magnetische Festplatten oder RAID-(Redundant Arrays of Independent Disks) Systeme, welche im Gegensatz zu den Primärspeichern über große Speicherkapazitäten verfügen, allerdings

---

[19] Vgl. Meisel/Spiekermann (2019) S. 5 f.; BMWi (2020) S. 7 ff.; Vossen/Löser (2021) S. 151 ff.

[20] Vgl. Schmidt (2020) S. 84; Weber/Piesche (2021) S. 330.

nur einen langsameren Zugriff ermöglichen. Tertiärspeicher ermöglichen keinen direkten Zugriff, sondern sie müssen manuell bedient werden oder sind in
robotergesteuerten Bibliotheken organisiert. Im Zuge der Entwicklung werden
sowohl die Zugriffszeiten als auch die Speicherdichte stetig optimiert, wobei
zudem die Verbesserung der Robustheit der Speichermedien gegenüber Datenverlust, Materialermüdung und Kosten für die Speichermedien eine wesentliche
Rolle spielen. Hierzu zählen u. a. Phase Change Memory Chips (PCM-Chips),
welche bereits in Smartphones im Einsatz sind, mit denen binäre Informationen gespeichert werden können, eine hohe Speicherdichte ermöglichen und mehr
als zehn Millionen Mal beschrieben werden können. Im Rahmen der Langzeit-
datenspeicherung von sehr großen Datenbeständen wird u. a. die Möglichkeit
erforscht, DNA-Material als Speicherchip zu verwenden, um damit hohe Spei-
cherdichten von etwa einem Exabyte/mm^3 (109 Gigabyte/mm^3) zu erreichen,
welche gleichzeitig eine langlebige Speicherung erlaubt, wobei marktreife Verfahren in den nächsten Jahren erwartet werden. Trotz der Entwicklung steigender
Speicherkapazitäten und neuer Speichertechnologien wird es zukünftig weiterhin eine Herausforderung darstellen, Daten strukturiert und veränderungssicher
zu speichern.[21]

Um die Informationen in Speichern lesen zu können, müssen diese organisiert
werden, indem die Speicherbereiche auf den Medien in Einheiten, wie z. B. in
Blöcken (Blockspeicher), aufgeteilt werden. Eine mögliche Methode der Spei-
cherplatzverwaltung bieten Filesysteme, wo die Daten in Dateien organisiert und
in einem hierarchischen Dateisystem abgelegt werden. Allerdings sind Erweiterungen der Speichermedien und Dateigrößen nur begrenzt möglich. Im Zuge
der Speicherplatzerweiterung ist der Objektspeicher von den großen Datenanbie-
tern im Internet (Cloudspeicher) eingeführt worden, welcher die Daten nicht in
hierarchisch angeordneten Verzeichnisbäumen mit Ordnern organisiert und den
Zugriff auf die kleinsten Speichereinheiten (den Blöcken) bereitgestellt, sondern
die Daten werden mit ihren externen Dateiattributen, inhaltsbezogenen Metadaten
und applikationsspezifischen Parametern zu einem dezidierten Objekt zusammengefasst. Dieses Objekt wird mit einer eindeutigen Objekt-ID versehen, welche aus
dem Dateiinhalt und den sog. Metadaten berechnet wird, wodurch es unabhängig vom eigentlichen Speicherort zugreifbar ist.[22] Die sog. Metadaten, welche
Daten beschreiben, lassen sich in extrinsische, intrinsische und qualitative Metadaten unterscheiden. Extrinsische Metadaten liefern Informationen über Daten,
wie u. a. die Bedeutung, Eigenschaften und Kategorie von Dokumenten, wobei

---

[21] Vgl. Weber/Piesche (2021) S. 327 ff.
[22] Vgl. Weber/Piesche (2021) S. 332 f.

explizite Attribute für die Beschreibung der Daten verwendet werden. Daneben gibt es intrinsische Metadaten, für die Normen, Adjektive oder Verben Verwendung finden, welche den Inhalt der Daten beschreiben. Auch zur Beschreibung und Speicherung eines Dokuments können Begriffe auf der Metaebene definiert werden, was den Zugriff auf die Daten vereinfacht. Qualitative Metadaten machen Aussagen über Vollständigkeit, Vertrauenswürdigkeit, Aktualität, Wahrheitsgrad oder den Nutzen von Quellen, welche insbesondere im Kontext von Social Media Applikationen zum Einsatz kommen.[23]

Beim Prozess der Speicherung werden sog. Metadaten erzeugt, welche bei der Kategorisierung und beim Wiederauffinden der Datenbestände dienen, indem sie weitere Informationen, wie z. B. Herkunft oder Aktualität, zu den gespeicherten Daten liefern. Im Kontext von Big Data sind diese Metadaten unbedingt erforderlich, da die Datenbanken eine Beschreibung ihrer inneren Struktur erfordern. Sofern die Daten lediglich als Input für weitere maschinelle Big Data-Analysen benötigt werden, kann auf den Schritt der Speicherung verzichtet werden, da moderne Algorithmen in der Lage sind, mit Rohdaten zu arbeiten.[24] Bei dieser Speicherorganisation lässt sich der Speicherplatz beliebig erweitern, wobei der Zugriff auf die Daten über ein Application Programming Interface (API) und über Uniform Resource Locator (URL) erfolgt. Eine einheitliche Standardisierung fehlt bislang.[25]

3.3.3 Datenanalyse

Im Rahmen der Datenanalyse durchsuchen Algorithmen die Masse an Rohdaten nach Mustern und Zusammenhängen, kombinieren Daten aus verschiedenen Quellen und extrahieren neue semantische Informationen, welche in Inferenzdaten codiert werden. Inferenzdaten entstehen aus der Kombination oder Verknüpfung bereits bestehender Daten im Rahmen der Datenanalyse und sind in der Regel maschinengeneriert. Da für maschinenbasierte Algorithmen im Gegensatz zum menschlichen Anwender die Strukturierung und Syntax der Daten nachrangig ist, können sie Kombinationsprozesse in unvergleichbar schnellerer Geschwindigkeit durchführen, wie z. B. die Analyse von Temperaturmessungen über einen bestimmten Zeitraum. Bei den unstrukturierten Daten handelt es sich meist um aktiv und passiv generierte Nutzerdaten, welche auf einem

---

[23] Vgl. Dengel (2012) S. 13 ff.; Schmidt (2020) S. 39 f.; Kneuper (2021) S. 27.
[24] Vgl. Schmidt (2020) S. 40, S. 84.
[25] Vgl. Weber/Piesche (2021) S. 333.

Speichermedium gesammelt wurden und mithilfe einer Software analysiert werden, sodass der Dateninhaber u. a. Rückschlüsse auf das Konsumverhalten der Betroffenen, Schwachstellen in der Verkaufspräsentation eines Onlineshops oder langfristige Trends ziehen kann. Hierbei können sowohl (hochaktuelle) Echtzeitdaten, um unmittelbar bevorstehendes Nutzerverhalten vorauszusagen, als auch historische Daten für (Markt-)Forschungszwecke analysiert werden. Echtzeitdaten geben aktuelles Nutzer- oder Maschinenverhalten als semantischen Inhalt wieder, wie z. B. Nutzerinteraktionen auf Webseiten, und werden u. a. für das sog. Nowcasting, einer statistischen Gegenwarts- und Vorhersagemethode, eingesetzt, um damit z. B. das Nutzerinteresse an Produkten zu analysieren. Das Sammeln von Echtzeitdaten setzt den Zugang zum datenerzeugenden Individuum voraus, sodass diese vom analysierenden Unternehmen direkt beim Betroffenen erhoben werden. Hierfür gewähren Webseitenbetreiber Drittunternehmen, wie Google oder Facebook, den Zugang zu den Datenströmen ihrer Dienste. Im Gegensatz zu Echtzeitdaten ist der Einsatz von historischen Daten nicht oder kaum zeitkritisch. Diese enthalten semantische Informationen über Ereignisse, welche in der Vergangenheit liegen oder beständig sind. Um zukünftige Entwicklungen voraussagen zu können, werden immer häufiger selbstlernende Algorithmen eingesetzt (Deep Learning), welche im Laufe der Zeit ihre Fähigkeiten und Schnelligkeit, basierend auf dem Lernprinzip Trial-and-Error, verbessern. Hierfür werden historische Daten oft zu Trainingszwecken für Datenanalysen gebraucht, welche für die Weiterentwicklung von Algorithmen unersetzlich sind, um daraus Rückschlüsse für Vorhersagen ziehen zu können. Beim Deep Learning handelt es sich im Vergleich zu anderen KI-gesteuerten Datenanalysen um Prozesse, welche wesentlich komplexer sind, weshalb sie quantitativ mehr und qualitativ bessere Daten benötigen, welche in neuronalen Netzen parallel in verschiedenen verdeckten Schichten analysiert werden (vgl. Abschn. 2.4).[26]

Für die Auswertung der Daten können Unternehmen sowohl eigene Data Analytics-Kompetenz aufbauen als auch Dienste externer Data Analytics-Anbieter, wie z. B. IBM oder SAP, nutzen, wobei letztere keine Daten bereitstellen, sondern auf die Auswertung vorhandener Daten spezialisiert sind. Analytics-Anbieter können Data Analytics-Pakete oder befristete Lizenzvereinbarungen anbieten, welche nicht nur großen, sondern auch kleineren Unternehmen zur Verfügung stehen, sodass keine unüberwindbaren Marktzutrittsschranken existieren. Die analysierten Daten verbleiben dabei stets in den Unternehmen (vgl. Abschn. 3.5).[27]

---

[26] Vgl. Schmidt (2020) S. 44, S. 45 f., S. 84 ff.

[27] Vgl. Schweitzer/Peitz (2017) S. 16.

3.3.4 Datenverwertung

Im letzten Schritt werden die Inferenzdaten nach erfolgter Datenanalyse von den Unternehmen zu verschiedenen Zwecken eingesetzt (vgl. Abschn. 3.3.3). So können Nutzerprofile zur gezielten Käuferansprache im Online-Marketing oder zur Produktverbesserung dienen. Nicht personenbezogene Inferenzdaten können Aufschlüsse über exogene Umwelteinflüsse geben, während deskriptive Inferenzdaten Schwachstellen in Unternehmen aufzeigen und somit Prozesse optimieren können. Die Datenwertschöpfung ist somit ein wesentlicher Treiber für Innovationen sowohl im digitalen als auch im analogen Bereich. Im Gegensatz zu vielen nicht personenbezogenen Daten, welche eine unmittelbare Relevanz für nachgelagerte Märkte haben können, entstehen Inferenzdaten erst durch algorithmische Analysen aus Rohdaten, wobei nicht jeder Input von Rohdaten zu gleichartigen Inferenzdaten führt. So können in Abhängigkeit des Algorithmus und Analysezwecks aus denselben Rohdaten verschiedene Schlussfolgerungen gezogen werden, welche wiederum für andere, verschiedene Zwecke eingesetzt werden können.[28]

3.4 Datenarchitektur

Um die enormen Datenvolumina erfassen und verarbeiten zu können, sind neben leistungsfähigen Prozessoren neue Datenbank- und Verarbeitungstechnologien erforderlich. Zu diesen neuen geeigneten Systemen für Big Data gehören sog. NoSQL[29]-Datenbanken, wie z. B. Apache Hadoop- bzw. Apache Spark-Technologien, welche es ermöglichen, intensive Rechenprozesse mit großen Datenmengen (im Petabyte[30]-Bereich) durchzuführen. Das auf Java basierende Software Framework Hadoop ist für verteilt arbeitende, skalierbare Systeme geeignet, mit dem intensive Rechenprozesse mit riesigen Datenmengen auf einer Vielzahl zu einem Cluster zusammengefasster Computer parallel und in hoher Geschwindigkeit ausgeführt werden können.[31] Als Ergänzung zu Hadoop-Technologien kommen In-Memory-Datenbanken (IMDB) zur Anwendung, bei denen Rechnerprozesse direkt im Arbeitsspeicher einer oder mehrerer Computer verarbeitet und somit wesentlich schneller durchgeführt werden können als

---

[28] Vgl. Schmidt (2020) S. 87 f.

[29] Not only Structured Query Language.

[30] Ein Pettabyte entspricht 10^{15} Bytes.

[31] Vgl. Luber (2016); Brühl (2019) S. 4.

in herkömmlichen Datenbanken. Mit dieser Technologie kann auf eine große Menge von Daten schnell und häufig zugegriffen werden. Zudem lässt sich damit die Datenanalyse erheblich beschleunigen und Abfragezeiten sind präzise berechenbar, wobei sowohl strukturierte als auch unstrukturierte Daten prozessierbar sind, ohne den Datenbestand vorab aggregieren zu müssen. Nachteilig erweist sich allerdings die dauerhafte Speicherung (Persistenz) von Daten, wofür entsprechende Schutzmaßnamen eingesetzt werden können, um einen möglichen Datenverlust zu verhindern. Als weitere Alternative zu Hadoop können Massive Parallel Processing (MPP)-Systeme eingesetzt werden, mit denen zahlreiche Prozessoren gleichzeitig einen Teil der Gesamtdaten verarbeiten können.[32]

3.5   Methoden der Datenanalyse

Methoden und Verfahren, mit denen in umfassenden heterogenen Datenbeständen (Big Data) Strukturen, Muster oder Zusammenhänge erkannt, analysiert und interpretiert werden können, werden unter dem Begriff Data Analytics subsumiert. Ziel des Big Data Analytics ist die Erfassung und Beschreibung relevanter Merkmale oder Attribute, um modellbasierte Prognosen für zukünftige Entwicklungen oder Entscheidungen treffen zu können.[33] In diesem Rahmen lassen sich vier wesentliche Methoden der Datenanalyse unterscheiden. Diese sind deskriptive Analytik (Descriptive Analytics), diagnostische Analytik (Diagnostic Analytics), prädiktive Analytik (Predictive Analytics) sowie präskriptive Analytik (Prescriptive Analytics). Bei der beschreibenden Datenanalyse wird anhand von gesammelten Daten aus der Vergangenheit (historische Daten) der Verlauf der Geschäfts- und Kundenbeziehungen erläutert, wobei diese Daten in Zeitreihen verglichen werden können. Mit dem Verfahren der diagnostischen Analyse werden die historischen Daten miteinander verglichen, um die Hintergründe zur Entwicklung des Geschäfts respektive der Beziehungen mit den Kunden zu erklären. Bei der prädiktiven Analyse werden zukünftige Ereignisse und Entwicklungen aufgrund von historischen Daten auf der Basis der deskriptiven und diagnostischen Analyse prognostiziert. Hierfür werden Algorithmen der künstlichen Intelligenz (KI) und des maschinellen Lernens eingesetzt, um zu erkennen, mit welchen Maßnahmen bestimmte Wirkungen in der Zukunft erzielt werden könnten (Erklärungsmodell). Wesentlich für dieses Verfahren ist eine gute Datenqualität. Schließlich werden mit der präskriptiven Analyse nicht nur

---

[32] Vgl. Luber (2017c); Brühl (2019) S. 4; Otte/Wippermann u. a. (2020) S. 237 ff.
[33] Vgl. Brühl (2019) S. 4; Meier (2021) S. 8 f.

künftige Entwicklungen evaluiert, sondern auch konkrete Handlungsempfehlungen zur Entscheidungsfindung sowie Zukunftsszenarien für einen erfolgreichen Geschäftsverlauf generiert (Entscheidungsmodell).[34]

Zur Analyse von Big Data im Rahmen der Generierung von künstlicher Intelligenz (KI) existieren verschiedene Methoden. Eine wesentliche Grundlage ist der Einsatz von Techniken des Deep Learning, welches einen Teilbereich des Machine Learning umfasst. Machine Learning verwendet Methoden des Data Mining (vgl. Abschn. 3.5.2), eine Analysemethode, mit der relevante Zusammenhänge, Muster und Erkenntnisse auf der Basis strukturierter Daten identifiziert werden können, wofür Algorithmen aus der Statistik eingesetzt werden (vgl. Abschn. 3.5.1). Bei der Analyse unstrukturierter Daten, wie Texte, Web-Content oder Nutzerverhalten im Internet, handelt es sich um Text Mining bzw. Web Mining (vgl. Abschn. 3.5.3 und 3.5.4).[35] Um aus den Datenmengen Erkenntnisse zu gewinnen, Wissen zu generieren und Muster in den Daten zu erkennen, werden zudem Methoden der Informationsvisualisierung und Visual Analytics eingesetzt, welche mit maschinellen Lernverfahren und Methoden der künstlichen Intelligenz kombiniert werden können (vgl. Abschn. 3.5.5).[36]

3.5.1 Data Mining

Die Methode des Data Mining, der erweiterten Datenanalyse (Advanced Analytics), ist eine Weiterentwicklung von der beschreibenden Analyse (Descriptive Analytics) über die vorhersagende Analyse (Predictive Analytics) bis hin zur empfehlenden Analyse (Prescriptive Analytics), welche aufgrund der Vorhersage maßgeschneiderte Handlungsempfehlungen geben kann. Mit Big Data werden die Daten fachlich unstrukturiert und unverändert zur Verfügung gestellt, welche im Anschluss in Datenmodellen strukturiert werden, ohne dabei die Rohdaten zu verlieren, die zusätzlich gespeichert werden, womit den Data Mining Verfahren sowohl die Rohdaten als auch die abgeleiteten Datenmodelle zur Verfügung stehen.[37] Dabei ist die Analyse durch Data Mining nicht auf der Basis von Big Data beschränkt, sondern kann auch auf weniger umfangreichen Datenbeständen angewandt werden. Data Mining wird häufig im Rahmen des sog. Knowledge Discovery in Databases (KDD) verwendet, welcher einen mehrstufigen Prozess

---

[34] Vgl. Meier (2021) S. 9.

[35] Vgl. Brühl (2019) S. 4 f.; Gausling (2020) S. 14 f.; Meier (2021) S. 15 Abb. 1.5.

[36] Vgl. Nazemi/Kaupp u. a. (2021) S. 499 f.

[37] Vgl. Otte/Wippermann u. a. (2020) S. 22.

der Wissensfindung umfasst, der von der Datenauswahl und Datentransformation über die Datenanalyse und Dateninterpretation zu verwertbarem Wissen führt.[38] Für diesen Prozess müssen Ziele für den Auswertungsauftrag erstellt, unterschiedliche Schritte zur Aufbereitung der notwendigen Daten durchlaufen, Methoden des Hard und Soft Data Mining erprobt sowie die Interpretation der Auswertungen vorgenommen werden. Auf der Grundlage der Datenbestände des Unternehmens sowie externer Datensammlungen werden die Zieldaten festgelegt und die Auswertungsanforderungen zusammengetragen. Die Daten werden dabei in einem iterativen Prozess vorverarbeitet, indem fehlerhafte Datenwerte korrigiert und Lücken bei den Merkmalsausprägungen geschlossen werden. Auf der Basis eines bereinigten Datenbestandes werden die Daten dann mithilfe von Transformationsregeln und Metadatenbeschreibungen auf einheitliche Formate transformiert, wie z. B. die Vereinheitlichung unterschiedlicher Kodifizierungsansätze für Währungs- und Maßeinheiten. Darüber hinaus sind nicht-numerische Werte zu harmonisieren. Anschließend können Methoden des Hard Data Mining (faktenbasierte analytische Methoden) und des Soft Data Mining (Soft Computing) ausgewählt und angewandt werden, um Muster in den bereinigten Daten zu erkennen und hieraus Erkenntnisse abzuleiten. Während zum Hard Data Mining Methoden der Entscheidungsbäume, Clusteranalysen, Support Vektor Maschinen, die Regressionsanalyse und Assoziationsanalyse gehören, verwendet das Soft Data Mining Methoden des Fuzzy Clustering, evolutionäre Algorithmen, künstliche neuronale Netze und Deep Learning, das probabilistische Schließen sowie die Inductive Fuzzy Classification (Form des überwachten Lernens). Die Verwendung beider Methoden verbindet die klassische Logik, basierend auf Reflexion, Fakten, Analyse und Berechnung (Hard Data Mining), mit der auf Intuition, Gefühle und Erfahrung basierenden unscharfen Logik (Soft Data Mining), wodurch Problemanalysen differenzierter durchgeführt werden und zu Lösungsansätzen führen, welche nicht ausschließlich auf harten Fakten beruhen.[39]

Für das Data Mining und die interaktive Analyse großer Datenmengen steht u. a. die freie Software (Data Mining Tool) Konstanz Information Miner (KNIME) zur Verfügung, welche unter dem Betriebssystem JAVA läuft. Die Software verfügt über eine grafische interaktive Benutzeroberfläche, womit die Aufgaben der Datenanalyse in Form von Workflows aus einzelnen Modulen zusammengesetzt werden können. Dies sind die Datenvorverarbeitung, die Modellierung, die Datenanalyse und die Visualisierung der Ergebnisse. Mithilfe

---

[38] Vgl. Cleve/Lämmel (2016) S. 5 f., S. 201 ff.; Brühl (2019) S. 4; Gausling (2020) S. 15.
[39] Vgl. Otte/Wippermann u. a. (2020) S. 20 f.; Meier (2021) S. 12 ff., S. 14 f., S. 21 f.

von Plug-ins und Konnektoren kann KNIME (aktuell 4.0 aus 2019) umfang-
reich erweitert werden, z. B. für das Image Mining, für das Text Mining (vgl.
Abschn. 3.5.3), für Zeitreihenanalysen und für die Kompatibilität mit zahlreichen
Dateiformaten und Datenbanksystemen. Machine Learning-Algorithmen lassen
sich ebenfalls integrieren. Die einzelnen Elemente eines Workflows werden durch
Knoten mit Ein- und Ausgängen dargestellt, welche zu einem Graphen verbunden
sind, wobei ein Knoten einen bestimmten Algorithmus darstellt. Die Verbindungen zwischen den Knoten werden als Kanten oder Assoziationen bezeichnet.
Hierbei können u. a. Knoten für Einleseaufgaben, Transformationsaufgaben,
Analyseaufgaben, Visualisierungsaufgaben und Ausgabeaufgaben unterschieden
werden. So sind Einleseknoten für das Einlesen der Daten, welche in der Form
von Tabellen mit Kopfzeile und ID-Spalte dargestellt werden, und ihre Integration
in den Workflow zuständig. Anschließend verwandeln Transformationsknoten die
eingelesenen Daten in die erforderlichen Formate und übernehmen auch die Aufgaben der Gruppierung und Filterung der Daten. In den Analyseknoten findet
die Auswertung der Daten statt. Abschließend werden mithilfe der Visualisie-
rungsknoten und Ausgabeknoten Diagramme und andere Visualisierungen oder
bestimmte Dateien wie CSV[40]-Dateien generiert.[41]

3.5.2 Machine Learning

Machine Learning gilt als eine der wesentlichen Methoden, künstliche Intelligenz
zu erzeugen, welche große Datenmengen für das Training eines KI-Systems vor-
aussetzt (vgl. Abschn. 2.3). Auf dieser Datenbasis kann ein Computer unter dem
Einsatz von selbstlernenden Algorithmen Muster und Gesetzmäßigkeiten erkennen und anhand von Beispielen lernen, eigenständige Lösungen für Probleme
zu finden, ohne dafür programmiert worden zu sein. Dabei werden Datenmodelle erzeugt, welche zukünftige Szenarien auf der Grundlage der vorhandenen
Daten prognostizieren können (sog. Predictive Analytics), indem sie die in vorhandenen Datensätzen enthaltenen Muster auf neue Datensätze anwenden und
Prognosen treffen. Der Fokus bei dieser Analysemethode liegt auf der Identifikation von Mustern in einem bestehenden Datenbestand. Der erfolgreiche Einsatz
selbstlernender Algorithmen im Rahmen des Machine Learning kann allerdings

---

[40] Comma-separated Values: Dateiformat für einfache Datenstrukturen.
[41] Vgl. Cleve/Lämmel (2016) S. 18 ff.; Luber (2020).

die vorgelagerte Analyse und Aufbereitung von Daten auf Grundlage statistischer Methoden, wie z. B. des Data Mining, erfordern (vgl. Abschn. 3.5.1).[42]

3.5.3 Text Mining

Mit dem Verfahren des Text Mining werden unstrukturierte Daten in Textdokumenten verarbeitet.[43] Obwohl die überwiegende Zahl der Daten in Unternehmen in unstrukturierter Form, und zwar vor allem als Textdaten, vorliegt, steht dennoch insbesondere die Analyse strukturierter und numerischer Daten im Vordergrund. Als Hauptgründe werden hierfür die aufwendigere Vorbereitung zur Analyse von Textdaten hinsichtlich der Datenbeschaffung, Datenbereinigung und Datentransformation sowie die häufig unscharfe Analyse genannt, da Textdaten in der Regel vor ihrer Auswertung durch Data Mining-Methoden zunächst in eine strukturierte Form gebracht werden müssen, was mit einem Informationsverlust einhergeht. So werden zur Analyse zwar quantitative Methoden angewandt, die Analyseergebnisse liegen in der Regel dennoch in qualitativer Form vor und bedürfen somit einer zusätzlichen Interpretation durch Domänenexperten. Dies erschwert auch die Messbarkeit der angewandten Maßnahmen und Ergebnisse des Wissensgewinns aus den analysierten Daten.[44]

Text Mining basiert auf dem Verfahren des Natural Language Processing (NLP), einer Methode der Sprachverarbeitung, die sich mit der algorithmischen Analyse verschriftlichter Sprachdaten befasst, wobei insbesondere regelbasierte Analysemodelle einen wesentlichen Aspekt darstellen. Während beim NLP vor allem die Verarbeitung der natürlichen Sprache in Form von syntaktischen und semantischen Analysen auf der Ebene eines einzeln betrachteten Wortes im Fokus steht, werden beim Text Mining Muster und Verbindungen zwischen mehreren Wörtern erkannt und extrahiert. So werden Texte als Grundlage für die weitere Verarbeitung regelbasiert bereinigt sowie morphologisch und syntaktisch analysiert. In Rahmen des NLP wird zwischen den Anwendungsformen Speech-to-Text, Speech-to-Speech, Text-to-Speech und Text-to-Text unterschieden (vgl. Abschn. 2.6.1).[45] Über Plug-ins kann u. a. die Datenanalyseplattform

---

[42] Vgl. Gausling (2020) S. 15.

[43] Vgl. Cleve/Lämmel (2016) S. 65; Brühl (2019) S. 5; Otte/Wippermann u. a. (2020) S. 191; Götz/Piazza/Bodendorf (2021) S. 97.

[44] Vgl. Otte/Wippermann u. a. (2020) S. 191.

[45] Vgl. Kreutzer/Sirrenberg (2019) S. 28 f.; Otte/Wippermann u. a. (2020) S. 192.

Konstanz Information Miner (KNIME, vgl. Abschn. 3.5.1) auch für das Text Mining eingesetzt werden.[46]

Bei der Methode des Text Mining gilt es, relevante Begriffe aus einem Textdokument zu extrahieren, um somit das Dokument einordnen zu können. Darüber hinaus ist eine Quantifizierung der Ähnlichkeit von Dokumenten möglich. So werden zunächst interessante Informationen aus den Textdokumenten, wie u. a. Schlüsselwörter, die Häufigkeitsverteilung von Begriffen oder eine erste Kategorisierung oder hierarchische Gruppierung, extrahiert und irrelevante Wörter herausgefiltert sowie Abkürzungen identifiziert. Zudem kann ein Dokument in seine Bestandteile, wie u. a. Titel, Kapitel oder Abschnitte, vorstrukturiert werden. Weiterhin gilt es, die Vielfalt von Wortvarianten, welche gemäß der Grammatik gebildet werden können, zu berücksichtigen und durch das sog. Stemming die Wörter auf ihren Wortstamm zu reduzieren, sodass eine zusammenfassende Betrachtung von Wortvarianten entsteht. Daneben ist auch die semantische Gleichheit unterschiedlicher Begriffe (Synonyme) zu erkennen. Als Ergebnis entsteht eine reduzierte Menge von Wörtern, welche zusätzlich gewichtet werden können. Diese Vorverarbeitung liefert die Basis für die Datenanalyse.[47]

Neben der regelbasierten Analyse von Texten sind im Laufe der Entwicklung auch nichtdeterministische und lernende Verfahren hinzugekommen, welche in der Lage sind, in größeren Textsammlungen semantische Strukturen zu identifizieren. Hierzu gehören Methoden der Themenmodellierung (Topic Modeling), welche anhand von probabilistischen Verfahren aus einer großen Menge an Textdaten Wortgruppen identifizieren können, die zusammen ein Thema definieren, sodass automatisch ein Überblick über die Themenverteilung in Dokumentensammlungen erzeugt wird. Latent Dirichlet Allocation (LDA) ist einer der bekanntesten Algorithmen zur Themenmodellierung. Mit diesem Algorithmus lässt sich z. B. steuern, wie viele Topics gelernt werden sollen und wie stark sich die gelernten Topics überlappen dürfen. Das Verfahren Topic Modeling eignet sich, um einen Einblick in die Themenstruktur einer unbekannten Textsammlung zu erhalten.[48]

Darüber hinaus haben aufgrund der immer leistungsfähigeren Rechner und Speicher sowie des Anstiegs verfügbarer Datenmengen neuronale Netze mit speziellen Netzwerkarchitekturen, wie sog. Long Short-Term Memory-(LSTM-) Netze, Analysemethoden des Text Mining vorangetrieben, worunter die sog.

---

[46] Vgl. Luber (2020); Otte/Wippermann u. a. (2020) S. 192 f.; Götz/Piazza/Bodendorf (2021) S. 97.

[47] Vgl. Cleve/Lämmel (2016) S. 65 f.

[48] Vgl. Otte/Wippermann u. a. (2020) S. 193 ff.; Götz/Piazza/Bodendorf (2021) S. 96 f.

Neural Word Embeddings (Wortvektoren) gehören, mit denen sich u. a. Ähnlichkeiten und Relationen zwischen Wörtern aus großen Textsammlungen lernen lassen. Hierzu gehört die Methode des Word2Vec, das u. a. in KNIME als Verarbeitungsknoten enthalten ist. Damit lassen sich semantische Ähnlichkeiten von Wörtern aus Texten lernen, ohne weitere Ressourcen heranziehen zu müssen. So wurden insbesondere bei der Anwendungsform Speech-to-Text, wobei das gesprochene Wort unmittelbar in einen digitalen Text überführt wird, und bei der maschinellen Übersetzung Erfolge in der Analysequalität erzielt. Dabei lernen und erzeugen die neuronalen Netze die Abbildung von Eingabesequenzen auf Ausgabesequenzen. So wird beim Verfahren Speech-to-Text das Audiosignal eines gesprochenen Textes auf ein Transkript abgebildet. Bei der maschinellen Übersetzung Text-to-Text wird die Abbildung eines geschriebenen Textes in der Eingangssprache auf einen geschriebenen Text in der Zielsprache durchgeführt. Auf der Grundlage von Trainingsdaten lernen die neuronalen Netze abstrakte Strukturen, mit denen die Abbildungen umgesetzt werden können. Allerdings versteht das System den Text nicht im eigentlichen Sinn, was bei dem derzeitigen Stand der Technik auch nicht zu erreichen ist. Um Wissen aus Texten abzuleiten und zu speichern, sodass auf dieses Wissen zugegriffen werden kann, sind bislang noch regelbasierte Systeme notwendig, welche sich allerdings auf eng eingegrenzte Anwendungen beschränken. Daneben findet sich z. B. in Chatbot-Systemen eine Kombination aus neuronalen und regelbasierten Methoden. So werden aus großen Textmengen alternative Formulierungen für eine konkrete Frage gelernt, mit dem Ziel, diese auf die Frage abzubilden, wobei die semantische Analyse der Fragen und Antworten häufig regelbasiert unter Zugriff auf Wissensdatenbanken ablaufen. Daneben existieren Forschungsansätze aus dem Bereich der künstlichen Intelligenz (KI) zur Verknüpfung der Textdatenanalyse mit weiteren Datentypen, wobei es sich u. a. um Systeme handelt, welche textuelle Beschreibungen von Bildinhalten generieren und zugleich den Bildbereich markieren, in dem ein bestimmtes Objekt aus der Beschreibung zu finden ist. Hierzu gehören u. a. die Verfahren Speech-to-Text, Machine Translation oder Social Media. Beim Text Mining besteht das Problem von Syntax und Semantik. Das System kann zwar beliebig viele Zeichenketten richtig verarbeiten, wofür kein semantisches Verständnis erforderlich ist, aber auch nicht erzeugt wird.[49]

---

[49] Vgl. Otte/Wippermann u. a. (2020) S. 195 ff.

3.5.4 Web Mining

Bei der Analyse unstrukturierter Daten aus dem Internet, wie Webinhalte (Web Content) oder Nutzerverhalten, handelt es sich um Web Mining, wobei sich in Abhängigkeit von der inhalts- oder nutzungsorientierten Analyse des World Wide Web das Web Content Mining und das Web Usage Mining voneinander abgrenzen lassen.[50] Während sich das Web Content Mining mit der Analyse von den im Internet verfügbaren Daten befasst und diese als Quelle zur Mustererkennung, wie u. a. textuelle und multimediale Informationen sowie Links zu anderen Web-Seiten, heranzieht, untersucht das Web Usage Mining das Verhalten von Internet-Nutzern. Bei diesem Verfahren werden Protokolldateien des Web-Servers untersucht, um Aufschlüsse über Verhaltensmuster und Interessen der Online-Kunden zu erhalten. Web Usage Mining kann wiederum in Web Log Mining, bei dem ausschließlich Protokolldateien des Web-Servers analysiert werden, und in Integrated Web Usage Mining differenziert werden, das neben den Protokolldateien weitere Datenbestände in den Mustererkennungsprozess einbezieht.[51]

Insbesondere für Unternehmen hat das Web Log Mining an Bedeutung gewonnen, da sich das Internet und vor allem der Webauftritt zu einem bedeutenden Medium für die Abwicklung von Geschäftsprozessen entwickelt haben, zumal viele Unternehmen mittlerweile ausschließlich im Internet handeln. Sofern Unternehmen über einen eigenen Webauftritt verfügen, werden automatisch Nutzungsdaten in Logdateien über die Besucher erzeugt und gesammelt, aber häufig nur unzureichend verwertet. Somit unterstützt das Web Log Mining durch die Analyse und Auswertung von internetbasierten Nutzungsdaten (Logdateien) unternehmerische Entscheidungen für die kontinuierliche Verbesserung von Web-Auftritten und Internet-Angeboten und steigert in Kombination mit anderen Marketingaktionen den Umsatz von Unternehmen.[52]

3.5.5 Datenvisualisierung

Mithilfe der Datenvisualisierung können die Kernaussagen von Daten oder Muster in Daten sichtbar und somit leichter erfasst werden, wobei Daten und

---

[50] Vgl. Cleve/Lämmel (2016) S. 66 f. Abb. 3.4; Brühl (2019) S. 4 f.

[51] Vgl. Cleve/Lämmel (2016) S. 66 f. Abb. 3.4.

[52] Vgl. Cleve/Lämmel (2016) S. 66 f.

Darstellungsform im Einklang miteinander stehen sollten.[53] Als Datenvisualisierung wird jegliche Art der visuellen Repräsentation von digitalen Daten in computerbasierten Systemen verstanden, welche die visuelle Projektion von Daten auf einer zweidimensionalen Ebene umfasst, auch wenn die Darstellung einen dreidimensionalen Raum simuliert. Sobald abstrakte Daten visualisiert werden, wie z. B. Texte oder Bilder, handelt es sich um eine Informationsvisualisierung, welche abstrakte Daten unter besonderer Berücksichtigung der menschlichen Kognition und Wahrnehmung visualisiert und menschliche Interaktionen mit der visuellen Repräsentation erlaubt, um die Kognition der Benutzer zu stärken, neue Erkenntnisse aus den Daten zu erhalten und verschiedene analytische Aufgaben durchzuführen. Unter der Berücksichtigung des Grades der menschlichen und/oder maschinellen Verarbeitung der visuellen Transformation kann die Visualisierung abstrakter Daten weiter klassifiziert werden, wobei in der Literatur zwischen Informationsvisualisierung (Information Visualization), Visual Analytics, Information Design (Infografik), Semantikbasierter Visualisierung (Semantics Visualization) und der meist nicht visuellen Knowledge Discovery in Databases (KDD, vgl. Abschn. 3.5.1) unterschieden wird.[54]

Informationsvisualisierung

Die Informationsvisualisierung (Information Visualization) wird in der Literatur als „computer-basierte, interaktive visuelle Repräsentation von abstrakten Daten zur Stärkung der Kognition" definiert, welche im Gegensatz zur Datenvisualisierung eine offensichtliche räumliche Projektion der Daten auf einer zweidimensionalen Fläche ausschließt. Aufgrund dieser fehlenden räumlichen Zuordnung müssen die Daten in eine aussagefähige visuelle Repräsentation überführt werden. Mit der Stärkung der Kognition ist der Erwerb und die Nutzung des menschlichen Wissens gemeint, das zu Erkenntnissen führen soll, wie z. B. durch Erkundung, Analyse, Entscheidungsfindung oder Erläuterung. Für diesen Prozess wurde ein Referenzmodell der Informationsvisualisierung eingeführt, welches drei Transformationsschritte von den Rohdaten bis hin zu interaktiven Visualisierungen vorsieht. Hiernach werden die Daten im Rahmen der Datentransformation in eine für die Visualisierung adäquate Form unter dem Einsatz von lernenden und statistischen Verfahren überführt. So können z. B. mit den eingesetzten Verfahren aus einem unstrukturierten Text Themen oder Variablen extrahiert werden, wobei die Datenqualität entscheidend ist. Zudem ist die Struktur der Daten in der Stufe des visuellen Mappings ausschlaggebend für die Erzeugung der visuellen Struktur, welche die

---

[53] Vgl. O'Donnell/Zimmer (2020) S. 67 ff.
[54] Vgl. Nazemi/Kaupp u. a. (2021) S. 477 f.

zugrunde liegenden Daten unter der Berücksichtigung der Variablen und einer für den Menschen gut wahrnehmbaren visuellen Repräsentation darstellt. Auf der letzten Stufe der Transformation sowie in jedem Zwischenschritt ist eine Interaktion der Benutzer mit der grafischen Repräsentation möglich, wobei es zu den Aufgaben der Benutzer auch gehört, je nach Bedarf die Daten zu verändern (zu reduzieren oder zu erweitern) oder alternative visuelle Strukturen auszuwählen.[55]

Visual Analytics
Beim Verfahren der Visual Analytics wird die Informationsvisualisierung mit automatischen Analysetechniken kombiniert, um somit ein effektives Verständnis sowie Schlussfolgerungen und Entscheidungsfindungen zu ermöglichen. Zudem ist wie bei der Informationsvisualisierung eine Interaktion mit den Transformationsschritten möglich. Der Unterschied zur Informationsvisualisierung liegt in den Zielen, die sich auf analytische Aufgaben fokussieren, in der direkten Kopplung der Methoden der automatischen Analyse und Datenmodellierung sowie in der Visualisierung sehr großer Datenmengen.[56]

Information Design (Infografik)
Infografiken sind eine visuelle Darstellungsform von Informationen und Daten, welche insbesondere in Printmedien sowie Nachrichtenproduktionen verwendet werden, mit dem Ziel, eine möglichst anschauliche Vermittlung von Fakten für einen weiten Nutzerkreis zu erreichen. Diese werden in der Regel mit Vektorgrafikprogrammen erstellt. Zusätzlich werden Hintergrundbilder zur Aufwertung der Darstellung sowie Piktogramme verwendet. Hierfür stehen verschiedene Softwarewerkzeuge und Web-Dienste, u. a. Infogram, Piktochart, Visme oder Easelly zur Verfügung.[57]

Semantikbasierte Visualisierung
Bei der semantikbasierten Visualisierung erfolgt die visuelle Darstellung auf der Basis vorhandener formaler Semantik, welche sich mit der Bedeutung von Begriffen in Sprachen, also der Beziehung zwischen Objekten und ihrer Sprache oder Zeichen, beschäftigen. Diese Darstellungsform wird im Rahmen von Suchmaschinen eingesetzt, womit Begriffe und Beziehungen in großen Informations- und Wissensdatenbanken durchsucht und navigiert werden können. Dabei werden u. a. semantische Netze verwendet, um Wissen mithilfe von Graphenknoten und

---

[55] Vgl. Nazemi/Kaupp u. a. (2021) S. 477 ff.

[56] Vgl. Nazemi/Kaupp u. a. (2021) S. 480.

[57] Vgl. Fischer-Stabel (2018) S. 62.

Beziehungen zwischen ihnen visuell darzustellen und durch geeignete Interaktions-
möglichkeiten deren Zugang zu ermöglichen. Zudem werden Kategorien verwendet,
um Instanzen (Objekte) aus der Wissensbasis oder Dokumente im Suchraum (Menge
der zu durchsuchenden Objekte) in Gruppen anzuzeigen. Darüber hinaus dienen
Zusatzinformationen zur Verfeinerung der Suche, Suchkategorien werden farblich
hervorgehoben und die Zusammenfassung der Suchergebnisse wird mit Bildern und
Texten sowie der jeweiligen Quellenangabe dargestellt.[58]

Daten zur Visualisierung

Grundlage der Visualisierungen bilden die zugrunde liegenden Daten, wobei zwischen Datentyp, Datendimensionalität und Datenart unterschieden werden kann.
Im Rahmen der Informationsvisualisierung wird zwischen nominalen (Daten ohne
eine natürliche Ordnung), ordinalen (Daten mit einer natürlichen Ordnung) und
quantitativen Datentypen (numerische Werte mit natürlicher Ordnung) unterschieden. Nominale Daten dienen zur Unterscheidung von Entitäten, z. B. in Form
von Kategorien oder Namen, wobei mit Hilfsvariablen und statistischen Verfahren
eine Ordnung, z. B. nach Namen oder Farben, geschaffen werden kann. Ordinale
Daten können binär, diskret (zählbare Werte) oder kontinuierlich (beliebige Anzahl
von Werten) sein. Quantitative Daten können anhand ihrer Wertigkeit geordnet
werden. Daneben kann zwischen eindimensionalen, zweidimensionalen und mul-
tidimensionalen Daten differenziert werden, wobei sich die Dimensionen auf die
Anzahl der Variablen in den Daten beziehen. Eindimensionale Daten verfügen über
eine Variable, welche in nominalen Daten, in diskreten Sequenzen, wie z. B. in
Abfolgen codierter Gene, in Texten ohne Vorverarbeitung, in kategorischen Werten
sowie in temporalen und Streaming-Daten enthalten sein können. Zweidimensionale
Daten haben zwei miteinander verknüpfte Variablen, wobei meistens eine abhän-
gige Variable zu einer unabhängigen Variablen in Korrelation gesetzt wird. Diese
Variablen können wiederum zwischen ordinal, nominal oder quantitativ unterschieden werden, wie z. B. temporale Daten, Streaming-Daten oder räumliche Daten.
Die Visualisierung zweidimensionaler Daten kann durch Balken- oder Liniendia-
gramme umgesetzt werden. Multidimensionale (oder multivariate) Daten enthalten
drei und mehr Variablen, wie z. B. temporale Daten, Streaming-Daten, Hierarchien
und Graphen sowie räumliche Daten. So kann eine Abfrage von vielen installierten
Sensoren, die synchronisiert Daten erfassen, wie z. B. Temperaturwerte oder Bewe-
gungen, hunderte Spalten umfassen, wobei diese Daten wiederum ordinal, nominal
oder quantitativ sein können. Wie bei der Visualisierung von zweidimensionalen
Daten sollte auch bei dreidimensionalen Daten der Einsatz visueller Variablen in

---

[58] Vgl. Dengel (2012) S. 10, S. 74 ff., S. 104, S. 241.

X–Y-Plots erfolgen, um die Wahrnehmung zu vereinfachen und die Interpretation der Daten zu erleichtern. Da mit einer Erhöhung der Anzahl der visuellen Variablen die Visualisierung komplexer wird, lassen sich multivariate Daten mit mehr als drei Dimensionen auch mit Matrizen darstellen, wobei zur besseren Übersicht jeweils zwei Variablen in Korrelation stehen. Im Rahmen der Datendimensionen wird neben der Anzahl der Dimensionen auch in Graphen, Hierarchien, Text oder Netzwerke differenziert, was für das visuelle Mapping eine wesentliche Bedeutung spielt. So kann mit einer klaren Hierarchie in den Daten eine entsprechende Visualisierung ausgewählt werden.[59]

3.6 Einsatzzweck der Daten

Der Einsatz von Daten dient Unternehmen zur Förderung der eigenen Wettbewerbsposition sowie zur Optimierung von Geschäftsprozessen. Daten können zunächst als Produkt verstanden werden, indem sie wie jede andere Ware gehandelt und verkauft werden. Dabei kann der semantische Inhalt von verkauften Daten vielfältig sein, in der Regel handelt es sich aber um personenbezogene Daten. Hierfür sammeln sog. Informationsbroker Daten aus verschiedenen Quellen, wie u. a. Daten aus der öffentlichen Hand (Verwaltungsdaten), welche im Interesse der Allgemeinheit zur freien Nutzung zugänglich gemacht werden, oder öffentlich zugängliche Daten und Konsumdaten, z. B. aus Online-Shops. Diese Daten werden aufbereitet, gebündelt und an Unternehmen weiterverkauft. Darüber hinaus können Daten einen Input für eine andere, auch bereits bestehende Leistung darstellen, indem sie zunächst erworben und in einem weiteren Schritt als Input z. B. für Marketingmaßnahmen eingesetzt werden. Für die Bewertung des wettbewerblichen Zwecks der Daten gilt es zu klären, welchen Nutzen der derzeitige Inhaber aus den Daten ziehen möchte. Dieser kann die Daten erstellen, vermarkten und verkaufen oder auch erwerben und als Input nutzen. So werden u. a. Suchanfragen von Nutzern auf Plattformen von Suchmaschinenanbietern gespeichert, aggregiert und ausgewertet. Damit kann individuell auf Nutzerpräferenzen eingegangen werden, sodass bei der nächsten Suche relevantere Ergebnisse angezeigt werden. Die Berechnung des Click Popularity-Wertes lässt Rückschlüsse auf die Qualität der angezeigten Suchergebnisse zu, wovon alle Nutzer profitieren. Zudem ist es anhand der Auswertung von Daten möglich, Dienstleistungen zu entwickeln, die von Nutzern nachgefragt werden, sowie

---

[59] Vgl. Nazemi/Kaupp u. a. (2021) S. 480 ff.

schnell neue Trends zu erfassen, auf die Unternehmen mit der Entwicklung neuartiger Produkte reagieren können. Unter den anfallenden Big Data erweisen sich nicht alle unmittelbar für den Wettbewerb als wertvoll, sodass Unternehmen oft nahezu alle Daten, welche sie erlangen können, zunächst speichern. Diese Daten sind aus Sicht des Wettbewerbsrechts zunächst zu vernachlässigen, können aber, sobald neue Produkte und Dienstleistungen auf den Markt gebracht werden, wertvoll werden und wiederum als Input auch für andere Unternehmen dienen, welche diese Daten als wertvoll betrachten. In diesem Zusammenhang werden Daten von Unternehmen zur Ware gemacht und als Produkt verkauft, woraus ein Markt für Daten entsteht (vgl. Abschn. 3.1).[60]

---

[60] Vgl. Schmidt (2020) S. 49 ff.

Personenbezogene, pseudonymisierte und anonymisierte Daten

4

Im Folgenden werden zunächst personenbezogene Daten definiert sowie anschließend von pseudonymisierten und anonymisierten Daten im Kontext der Datenschutz-Grundverordnung (DSGVO) und des Bundesdatenschutzgesetzes (BDSG) abgegrenzt.

4.1 Personenbezogene Daten

Die automatisierte und nicht automatisierte Verarbeitung der personenbezogenen Daten ist in der Datenschutz-Grundverordnung (DSGVO) sowie im Bundesdatenschutzgesetz (BDSG) geregelt, sofern die Verarbeitung sich nicht auf die Ausübung persönlicher oder familiärer Tätigkeiten bezieht.[1] Gemäß der Datenschutz-Grundverordnung (DSGVO) sind „„personenbezogene Daten" alle Informationen, die sich auf eine identifizierte oder identifizierbare natürliche Person [...] beziehen; als identifizierbar wird eine natürliche Person angesehen, die direkt oder indirekt, insbesondere mittels Zuordnung zu einer Kennung wie einem Namen, zu einer Kennnummer, zu Standortdaten, zu einer Online-Kennung oder zu einem oder mehreren besonderen Merkmalen, die Ausdruck der physischen, physiologischen, genetischen, psychischen, wirtschaftlichen, kulturellen oder sozialen Identität dieser natürlichen Person sind, identifiziert werden kann."[2] Dabei handelt es sich in der Verordnung bei dem Begriff der Information um eine Zeichensequenz oder ein sonstiges Format, das für einen Menschen (Verarbeiter) oder eine Maschine auslesbar ist und damit einen Sinn ergibt, also um eine syntaktische und eine semantische Information, mit der eine Verbindung

---

[1] Vgl. Art. 2 DSGVO (2016); § 1 BDSG (2021).
[2] Art. 4 Nr. 1 DSGVO (2016).

© Green Excellence GmbH 2022
H.-A. Krebs und P. Hagenweiler, *Datenanonymisierung im Kontext von Künstlicher Intelligenz und Big Data*, https://doi.org/10.1007/978-3-658-37588-1_4

zu einer Person hergestellt werden kann. Darüber hinaus ist das Merkmal der Identifizierbarkeit wesentlich. Sie liegt vor, wenn der Datenverarbeiter die angeforderten Daten mit einer natürlichen (realen) Person verbinden bzw. in einen Zusammenhang bringen kann. Demnach handelt es sich bei der Identifizierbarkeit um eine semantische Information, welche im Datum angelegt ist, wobei Erwägungsgrund 26 der DSGVO präzisiert: „[…] Um festzustellen, ob eine natürliche Person identifizierbar ist, sollten alle Mittel berücksichtigt werden, die von dem Verantwortlichen oder einer anderen Person nach allgemeinem Ermessen wahrscheinlich genutzt werden, um die natürliche Person direkt oder indirekt zu identifizieren […]".[3] Sofern die Identifizierbarkeit auch dann als gegeben gilt, wenn neben dem Verantwortlichen auch andere Personen unter Zuhilfenahme von Mitteln eine Person mit einer Information verknüpfen können, gelten nicht nur alle IP-Adressen oder Cookies im Internet als personenbezogene Daten und würden dem Datenschutzrecht unterliegen, sondern auch alle Daten, welche durch menschliche Interaktionen, insbesondere im Internet, generiert werden, wie z. B. anonyme Kommentare auf einer Webseite. So hat der Europäische Gerichtshof (EuGH) in seinem Grundsatzurteil auch anerkannt, dass es bei der Auslegung des Erwägungsgrundes 26 der DSGVO zudem auf die Verbindung zwischen dem Verantwortlichen und dem „anderen Dritten" ankommt, um hieraus eine Identifizierbarkeit einer natürlichen Person abzuleiten.[4] Während es sich bei der Identifizierbarkeit um die semantische Handlung der Informationserlangung mithilfe von Daten handelt, wird unter der natürlichen Person das semantische Objekt der zugrunde liegenden Information verstanden. Als semantischer Inhalt der Daten gilt die Information über irgendeinen Menschen, unabhängig davon, wo er seinen Wohnsitz hat oder welche Staatsangehörigkeit er besitzt.[5]

4.2   Pseudonymisierte und anonymisierte Daten

Zu einer rechtmäßigen Verarbeitung personenbezogener Daten muss gemäß der Datenschutzgrund-Verordnung (DSGVO) eine Einwilligung der betroffenen Person(en) für einen oder mehrere bestimmte Zwecke vorliegen und/oder die Verarbeitung muss unter bestimmten Voraussetzungen als erforderlich begründet sein. Da nicht in allen Fällen, wie z. B. zu Forschungszwecken, Einwilligungen von allen betroffenen Personen eingeholt werden können, gilt es, geeignete

---

[3] ErwG 26 DSGVO (2016); Schmidt (2020) S. 24 ff.

[4] Vgl. Schmidt (2020) S. 26 ff., S. 30 ff.; Valkanova (2020) S. 341 ff.

[5] Vgl. Schmidt (2020) S. 34 f.

technische Maßnahmen zum Schutz dieser Daten zu ergreifen. Darüber hinaus ist im Rahmen der Rechtmäßigkeit der Verarbeitung personenbezogener Daten das Vorhandensein geeigneter Garantien erforderlich, wozu die Verschlüsselung oder Pseudonymisierung gehören können.[6] Diese Regelung greift, sofern die personenbezogenen Daten zu einem anderen Zweck verarbeitet werden sollen, als zu demjenigen, zu dem sie erhoben wurden und diese nicht auf der Einwilligung der betroffenen Person beruhen respektive hierfür keine Einwilligung vorliegt. In diesem Fall muss der Verantwortliche prüfen, inwieweit der veränderte Zweck mit dem ursprünglichen Zweck vereinbar ist, indem er u. a. Maßnahmen des technischen Datenschutzes, wie die Pseudonymisierung, garantieren muss. Darüber hinaus gelten diese Garantien für die Rechte der betroffenen Personen auch, wenn die Verarbeitung personenbezogener Daten im öffentlichen Interesse liegt, indem sie zu Archivzwecken, zu wissenschaftlichen oder historischen Forschungszwecken oder zu statistischen Zwecken verwendet werden, wobei neben dem Grundsatz der Datenminimierung auch die Pseudonymisierung gehören kann.[7]

Pseudonymisierung
Der Begriff der Pseudonymisierung wird in der Datenschutzgrund-Verordnung (DSGVO) definiert als „[…] die Verarbeitung personenbezogener Daten in einer Weise, dass die personenbezogenen Daten ohne Hinzuziehung zusätzlicher Informationen nicht mehr einer spezifischen betroffenen Person zugeordnet werden können, sofern diese zusätzlichen Informationen gesondert aufbewahrt werden und technischen und organisatorischen Maßnahmen unterliegen, die gewährleisten, dass die personenbezogenen Daten nicht einer identifizierten oder identifizierbaren natürlichen Person zugewiesen werden".[8] Zudem präzisiert der Erwägungsgrund 26 in der DSGVO, dass „Einer Pseudonymisierung unterzogene personenbezogene Daten, die durch Heranziehung zusätzlicher Informationen einer natürlichen Person zugeordnet werden könnten, […] als Informationen über eine identifizierbare natürliche Person betrachtet werden" sollten.[9] Demnach handelt es sich bei pseudonymisierten Daten weiterhin um personenbezogene Daten, welcher einer Pseudonymisierung unterzogen wurden, sodass die DSGVO auf diese Daten anwendbar ist.[10]

---

[6] Vgl. Art. 6 (4) lit. e DSGVO (2016).
[7] Vgl. Art. 5 (1) lit. b, c, Art. 89 DSGVO (2016); §§ 27, 28 BDSG (2021).
[8] Art. 4 Nr. 5 DSGVO (2016).
[9] ErwG 26 DSGVO (2016).
[10] Vgl. GMDS (2018) S. 13; Gausling (2020) S. 18; von dem Bussche (2020) S. 161.

Im Rahmen des technischen Datenschutzes gilt neben dem Grundsatz des „Privacy by Default", dem Prinzip der datenschutzfreundlichen Voreinstellungen, wonach nicht mehr Daten zu verarbeiten sind, als für den konkreten Zweck notwendig, z. B. durch Datenminimierung, auch der Grundsatz des „Privacy by Design". Hierbei sind unter Berücksichtigung des Stands der Technik „geeignete technische und organisatorische Maßnahmen", wie z. B die der Pseudonymisierung, zu ergreifen. Auch für die Sicherheit personenbezogener Daten sind während der Verarbeitung ebenfalls „geeignete technische und organisatorische Maßnahmen" auf der Grundlage einer objektiven Risikobewertung anzuwenden, um ein angemessenes Schutzniveau unter Berücksichtigung des Stands der Technik zu gewährleisten, wobei als technische Maßnahmen in der DSGVO die „Pseudonymisierung und Verschlüsselung" aufgeführt werden.[11]

Bei der Pseudonymisierung werden in der Regel Identifikationsmerkmale durch Pseudonyme ersetzt. Die Pseudonymisierung der Daten ist eine technische Maßnahme, um die Identifikation betroffener Personen lediglich für Unberechtigte zu erschweren, sie aber für Berechtigte bei Bedarf weiterhin zu ermöglichen. Die Identifizierung der Daten ist ohne zusätzliche, separat gespeicherte und gesicherte Informationen nicht möglich, sodass die Daten weiterhin als personenbezogen gelten. Die Anforderung an eine Pseudonymisierung ist vergleichbar mit einer Anonymisierung, da pseudonymisierte Daten für Dritte ohne Zusatzinformationen nicht zuordenbar sein sollten, zumal die zur Re-Identifizierung erforderlichen Informationen „technischen und organisatorischen Maßnahmen" zu unterliegen haben und gesondert aufbewahrt werden müssen, welche gewährleisten, dass eine Zuordnung identifizierbarer Personen nicht möglich ist. Zudem sind pseudonymisierte Daten als personenbezogene Daten zu betrachten, sofern der Verantwortliche einen Zugriff auf die Informationen zur Re-Identifizierung hat.[12] Die Pseudonymisierung personenbezogener Daten kann nicht nur die Risiken für die betroffenen Personen senken, sondern auch den Verantwortlichen dabei unterstützen, die Datenschutzpflichten einzuhalten, wie bei der Weiterverarbeitung der Daten zu einem anderen Zweck, der Umsetzung des Grundsatzes „Privacy by Design" sowie der technischen und organisatorischen Maßnahmen.[13]

---

[11] Vgl. Art. 25, Art. 32, ErwG 76 DSGVO (2016); §§ 64, 71 BDSG (2021).

[12] Vgl. Art. 4 Nr. 5, ErwG 29, DSGVO (2016); Kneuper (2020) S. 5 f.; von dem Bussche (2020) S. 161; Kneuper (2021) S. 30 f.

[13] Vgl. Art. 25 (1-2), ErwG 28 DSGVO (2016); von dem Bussche (2020) S. 161.

Anonymisierung

Vom Anwendungsbereich des Datenschutzgesetzes ausgenommen sind dagegen gemäß Datenschutzgrund-Verordnung (DSGVO) alle anonymen und anonymisierten Daten, welche sich nicht auf eine identifizierte oder identifizierbare Person beziehen lassen, sowie personenbezogene Daten, welche in der Form anonymisiert wurden, dass eine Identifikation nicht mehr möglich oder nach allgemeinem Ermessen unwahrscheinlich ist.[14]

Anonyme Daten sind so allgemein gehalten, dass sie sich unter keinen Umständen weder gegenwärtig noch zukünftig mit einer natürlichen Person verknüpfen lassen. Somit ist auf diese Daten das Datenschutzrecht nicht anwendbar, weil für betroffene Personen kein Rückschluss auf sie als möglich erachtet wird. So werden in der juristischen Literatur Daten, welche sich grundsätzlich nicht auf eine identifizierbare natürliche Person beziehen lassen, nicht als anonyme Daten im Sinne der DSGVO verstanden, sondern als Sachdaten, welche Informationen über eine Entität umfassen und nicht mit einer Person im Zusammenhang stehen, sodass das Persönlichkeitsrecht nicht tangiert wird. Anonyme (namenlose) Daten beinhalten hingegen Informationen über eine Person, wobei aber die Zuordnung zu dieser Person für niemanden möglich ist. Problematisch sind Daten, welche vom Datenrezipienten zwar nicht unmittelbar einer Person zugeordnet werden können, aber Dritte eine Verknüpfungsleistung dieser Daten vornehmen können, was bei allen pseudonymisierten Daten der Fall ist. Pseudonymisierte Daten enthalten Informationen über eine Person, welche anhand des bloßen Datensatzes nicht erkennbar ist, was nur Dritte mit entsprechendem Zusatzwissen erkennen können. Pseudonymisierte Datensätze enthalten beispielsweise anstelle eines Namens einen Stellvertretercode, wie z. B. einen Alias-Namen oder eine Nummer. Mit dieser Information kann ein Betrachter, welcher den Code nicht zuordnen kann, lediglich erkennen, dass es eine Person gibt, auf die sich die im Datum gespeicherten Eigenschaften beziehen. Inwieweit ein Datum identifizierbar und damit personenbezogen ist, lässt sich nicht absolut feststellen, sondern es gilt bei jedem Datennutzer zu erörtern, ob dieser das Pseudonym mit anderen Daten kombinieren und somit de-pseudonymisieren kann.[15]

Während der Begriff der Pseudonymisierung in der Datenschutz-Grundverordnung (DSGVO) definiert wird, findet hingegen der Begriff der Anonymisierung keine Verwendung und wird auch nicht im Rahmen von Garantien des technischen Datenschutzes aufgeführt. Es wird lediglich in einem

---

[14] Vgl. ErwG 26 DSGVO (2016); von dem Bussche (2020) S. 160.

[15] Vgl. ErwG 26 DSGVO (2016); Schmidt (2020) S. 28 ff.; bei Schweitzer/Peitz (2017) S. 26 Anm. 48 werden Daten, welche sich nicht menschlichen Verhaltens zuordnen lassen, wie u. a. Daten über eine Maschine, als anonyme Daten verstanden.

Erwägungsgrund angeführt, dass „[…] Durch die ausdrückliche Einführung der „Pseudonymisierung" in dieser Verordnung" nicht beabsichtigt ist, „andere Datenschutzmaßnahmen auszuschließen."[16] Im Bundesdatenschutzgesetz (BDSG) wird die Maßnahme der Anonymisierung im Rahmen der Datenverarbeitung zu Forschungszwecken sowie des technischen Datenschutzes genannt. So ist eine Verarbeitung personenbezogener Daten zu archivarischen, wissenschaftlichen und statistischen Zwecken möglich, sofern daran ein öffentliches Interesse besteht und geeignete Garantien vorgesehen werden, wozu die Anonymisierung der personenbezogenen Daten angeführt wird. Die Datenschutz-Grundverordnung (DSGVO) nennt in diesem Zusammenhang als geeignete Maßnahme die Pseudonymisierung.[17] Darüber hinaus ist eine Verarbeitung personenbezogener Daten zu wissenschaftlichen oder historischen Forschungszwecken, Archivzwecken sowie zu statistischen Zwecken möglich, wenn die Verarbeitung zu diesen Zwecken erforderlich ist und die Interessen des Verantwortlichen gegenüber denen der betroffenen Personen erheblich überwiegen. Hierfür muss der Verantwortliche angemessene und spezifische Maßnahmen zur Wahrung der Interessen der betroffenen Personen ergreifen, wozu technische und organisatorische Maßnahmen sowie die Pseudonymisierung und Verschlüsselung gehören. In Verbindung mit der Verarbeitung besonderer Kategorien personenbezogener Daten sind diese zu anonymisieren und diese Merkmale vorab gesondert zu speichern, sodass mit diesen keine Einzelangaben über persönliche oder sachliche Verhältnisse bestimmter Personen zugeordnet werden können. Diese dürfen nur zu Forschungs- und Statistikzwecken zusammengeführt werden, soweit dies erforderlich ist.[18] Im Rahmen des technischen Datenschutzes führt das Bundesdatenschutzgesetz (BDSG) den Grundsatz der Datensparsamkeit in Bezug auf die Auswahl und Gestaltung des Datenverarbeitungssystems bei der Verarbeitung personenbezogener Daten an, womit so wenig wie möglich und so viel wie notwendig Daten verarbeitet werden sollen. Darüber hinaus sind in Abhängigkeit des Verwendungszwecks personenbezogene Daten zum frühestmöglichen Zeitpunkt zu anonymisieren oder zu pseudonymisieren, sofern dies nach dem Verarbeitungszweck umsetzbar ist.[19]

Der Prozess der Anonymisierung wird weder in der Datenschutz-Grundverordnung (DSGVO) noch im Bundesdatenschutzgesetz (BDSG) definiert. Grundsätzlich geht es darum, den Bezug der Daten zu einer natürlichen Person zu beseitigen. Hierfür muss es ausreichen, dass die Identifizierung nach allgemeinem

---

[16] ErwG 28 DSGVO (2016); vgl. Art. 6 (4) lit. e, Art. 25, Art. 32 DSGVO (2016).
[17] Vgl. Art. 89 DSGVO (2016); § 50 BDSG (2021).
[18] Vgl. §§ 22, 27, 28 BDSG (2021).
[19] Vgl. § 71 BDSG (2021).

Ermessen unwahrscheinlich ist. Die Bewertung der Wirksamkeit einzelner Anonymisierungstechniken kann insbesondere auf der Basis von drei Kriterien untersucht
werden. Danach gilt es, zu analysieren, ob die Möglichkeit besteht, eine Person aus
dem Datenbestand herauszugreifen, eine Person betreffende Datensätze zu verknüpfen oder Informationen über eine Person durch Inferenz herzuleiten. Sofern einer
dieser Möglichkeiten besteht und damit die Rückverfolgung zu einer natürlichen
Person technisch möglich ist, liegen die Voraussetzungen einer Anonymisierung
nicht vor (vgl. Kap. 6).[20]

Auch wenn bei anonymisierten Daten kein Personenbezug herstellbar ist, kann es
sich um menschliche Verhaltensdaten handeln, da anonymisierte Daten semantisch
mit dem Verhalten eines Menschen verknüpft sind. Eine Behandlung dieser Daten ist
aus rechtlicher Sicht schwierig anzusehen, da unter dem Einsatz moderner Analysemethoden eine De-Pseudonymisierung oder De-Anonymisierung oftmals möglich
ist, was von der Quantität des Datensatzes abhängig ist. Sofern genügend anonyme
oder anonymisierte Daten vorhanden sind, können möglicherweise Rückschlüsse in
Kombination mit frei zugänglichen Informationen auf eine natürliche Person gezogen werden. Dies bedeutet, dass jedes einzelne anonyme Datum im weiteren Kontext
als personenbezogen angesehen werden kann. Sofern ein Unternehmen lediglich
über wenige für sich genommen anonyme oder anonymisierte Daten verfügt, müssen dennoch andere, anonyme und anonymisierte Daten mitberücksichtigt werden,
falls der Zugriff auf diese Daten weder illegal ist noch einen übermäßig hohen Aufwand erfordert. So kann ein Unternehmen z. B. über legale Datenbroker genügend
anonyme oder anonymisierte Daten beschaffen, wodurch eine De-Anonymisierung
zumindest nicht ausgeschlossen ist. Hiernach ist nahezu jedes im Internet pro-
tokollierte Datum einer Aktivität im Internet als personenbezogen einzuordnen.
Dabei sind allerdings die Größe und die Möglichkeiten eines datenspeichernden
Unternehmens zu berücksichtigen, wonach eine Re-Identifizierung für ein kleines
Unternehmen einen unverhältnismäßig hohen Aufwand erfordern würde, während
ein großes Digitalunternehmen, wie Google oder Facebook, nicht nur aufgrund
der technischen und finanziellen Möglichkeiten, sondern auch aufgrund der bei
diesen Unternehmen gespeicherten Daten ohne großen Aufwand anonyme Daten
re-identifizieren könnte.[21]

---

[20] Vgl. Art.-29-Datenschutzgruppe (2014) S. 3; von dem Bussche (2020) S. 160 f.
[21] Vgl. Schmidt (2020) S. 35 f.

Techniken der Pseudonymisierung 5

In der Datenschutz-Grundverordnung (DSGVO) wird die Pseudonymisierung als eine der möglichen technischen Maßnahmen genannt, um die Risiken betroffener Personen zu senken sowie den rechtlichen Anforderungen hinsichtlich des Datenschutzes zu entsprechen, wobei andere Datenschutzmaßnahmen damit nicht ausgeschlossen werden. Da die Pseudonymisierung wie auch die Anonymisierung eine Verarbeitung im Sinne der DSGVO darstellen, ist eine Rechtsgrundlage für diese Maßnahmen erforderlich.[1]

Bei der Pseudonymisierung von Daten gilt es, die Identifikation der betroffenen Personen für Unberechtigte zu erschweren, für Berechtigte aber weiterhin zu ermöglichen, sodass der Personenbezug in bestimmten Fällen wieder hergestellt werden kann. So wird bei diesem Verfahren ein Merkmal in einem Datensatz durch ein anderes ersetzt (Pseudonym), sodass eine direkte Identifizierung betroffener Personen ohne zusätzliche, separat gespeicherte und gesicherte Informationen nicht möglich ist. Durch eine Pseudonymisierung wird die Verknüpfbarkeit eines Datenbestands mit der Identität einer betroffenen Person verringert, wodurch die Daten zwar noch als personenbezogen gelten, aber durch eine Sicherheitsmaßnahme, wie von der DSGVO gefordert, geschützt werden. Auch wenn die Pseudonymisierung kein Anonymisierungsverfahren darstellt, sind die Herausforderungen an eine Pseudonymisierung ähnlich wie die an eine Anonymisierung, da pseudonyme Daten für Unberechtigte genauso wenig zuordenbar sein sollten wie anonyme Daten.[2] Da der Personenbezug bei der

---

[1] Vgl. Art. 32 (1a), ErwG 26, 29 DSGVO (2016); GMDS (2018) S. 4.

[2] Vgl. Art.-29-Datenschutzgruppe (2014) S. 24; Kneuper (2020) S. 5 f.; SIT (2020) S. 27; Kneuper (2021) S. 30 f.

© Green Excellence GmbH 2022
H.-A. Krebs und P. Hagenweiler, *Datenanonymisierung im Kontext von Künstlicher Intelligenz und Big Data*, https://doi.org/10.1007/978-3-658-37588-1_5

Pseudonymisierung mittelbar erhalten bleibt, unterliegen pseudonymisierte Daten weiterhin der DSGVO.[3]

Im Rahmen der Pseudonymisierung können verschiedene datenschutzkonforme Techniken eingesetzt werden, die auch bei der Anonymisierung in Kombination Anwendung finden. Dabei werden in der Regel nur direkte Identifikationsmerkmale entfernt, während andere Bestandteile der Daten erhalten bleiben. Hierzu gehören die Maskierung (Ersetzung) von Daten durch Werte oder Zeichen, die Mischung (Shuffeling), womit die Werte durch Zufallsverteilung getauscht werden (Random Swapping), deren Methode zusätzliche Maßnahmen der Verfremdung der Daten erfordert, sowie die Varianzmethode, bei der die Daten, welche auf Zahlen basieren, durch festgelegte, zufällig erhöhte oder verringerte Streuungsintervalle verändert werden.[4]

Daneben existieren verschiedene kryptografische Methoden, wobei Verschlüsselungs- und Hash-Algorithmen zum Einsatz kommen können. So besteht die Möglichkeit der Verschlüsselung von Daten mit einem Geheimschlüssel, welche auch in der DSGVO als Maßnahme genannt wird, wobei der Inhaber des Schlüssels jede betroffene Person durch die Entschlüsselung des Datenbestandes re-identifizieren kann, da die personenbezogenen Daten im Datenbestand weiterhin vorhanden sind. Bei der Hashfunktion (Streuwertfunktion) wird eine beliebig große Eingabedatenmenge an Merkmalen auf eine bestimmte Zielmenge abgebildet, welche im Gegensatz zur Verschlüsselung nicht umkehrbar ist. Sofern der Bereich der Eingabedaten für die Hashfunktion bekannt ist, besteht die Möglichkeit, auf den korrekten Wert eines bestimmten Datensatzes zu schließen, in dem die Eingabedaten durch eine Hashfunktion geleitet werden. Gehashte Datenbestände können mithilfe der Exhaustionsmethode (Brute Force-Methode) oder durch die Erstellung von Regenbogentabellen (Rainbow Table) rekonstruiert werden. So kann die Verwendung gesalzener Hashes (Streuwerte), bei der die Merkmalswerte vor dem Hashing mit einem Zufallswert (Salz) versehen werden, die Wahrscheinlichkeit einer möglichen Ableitung der Eingabedaten verringern. Bei der schlüsselabhängigen kryptologischen Hashfunktion wird ein Geheimschlüssel als zusätzlicher Eingabewert verwendet, wodurch es für einen Angreifer mit einem hohen Aufwand verbunden ist, alle möglichen Eingabedaten durch die Funktion zu leiten, ohne den Schlüssel zu kennen. Bei der Technik der schlüssellosen kryptologischen Hashfunktion (deterministische Verschlüsselung) wird eine Zufallszahl als Pseudonym für jedes Merkmal in der Datenbank ausgewählt und anschließend die Korrespondenztabelle gelöscht. Diese Technik

---

[3] Vgl. Dewes/Steinebach u. a. (2020) S. 18.

[4] Vgl. GMDS (2018) S. 20 ff.; Dewes/Steinebach u. a. (2020) S. 18 f.

erfordert für den Angreifer das Aufbringen einer enormen Rechenleistung, um entweder die Funktion zu entschlüsseln oder für alle möglichen Eingabedaten zu wiederholen. Die Technik der Tokenisierung, welche insbesondere im Finanzsektor zur Anwendung kommt, um Zahlkarten-IDs durch Werte zu ersetzen, basiert auf der Anwendung eines Einweg-Verschlüsselungsmechanismus, auf der Vergabe fortlaufender Nummern oder auf nicht mathematisch aus den Originaldaten abgeleiteten Zufallszahlen im Zuge einer INDEX-Funktion.[5]

Bei einer Pseudonymisierung können trotz Anwendung der genannten Techniken Datensätze einzelner Personen herausgegriffen werden, da diese Personen anhand eines einzigartigen Merkmals identifizierbar sind, welches im Zuge der Pseudonymisierung erzeugt wurde. Zudem können Datensätze, in denen für eine bestimmte Person dasselbe pseudonymisierte Merkmal oder unterschiedliche pseudonymisierte Merkmale verwendet wurden, verknüpft werden. Eine Verknüpfung der Datensätze besteht bei einer Verwendung unterschiedlicher pseudonymisierter Merkmale nicht mehr, wenn mit keinem anderen Merkmal im Datenbestand eine betroffene Person identifiziert werden kann und wenn keine Verbindung mehr zwischen dem ursprünglichen Merkmal und dem pseudonymisierten Merkmal besteht, was z. B. durch die Löschung der Originaldaten erfolgen kann. Zudem können Angriffe mittels Inferenztechniken zur Ermittlung der Identität betroffener Personen innerhalb eines Datenbestandes sowie über mehrere unterschiedliche Datenbanken, welche für eine Person dasselbe pseudonymisierte Merkmal verwenden, möglich sein. Auch selbsterklärende Pseudonyme, welche die Identität der betroffenen Person nicht ordnungsgemäß maskieren, bieten keinen Schutz.[6]

Bei der Entfernung des Personenbezugs aus den Daten ist es wesentlich, zwischen einer Pseudonymisierung und einer Anonymisierung zu unterscheiden, da ein pseudonymisierter Datenbestand nicht anonymisiert ist. So wird in der Praxis häufig davon ausgegangen, dass die Entfernung oder Ersetzung von Merkmalen bereits ausreicht, einen Datenbestand zu anonymisieren. Allerdings können bei der Anwendung dieser Techniken betroffene Personen weiterhin identifiziert werden, da ein Datensatz Quasi-Identifikatoren sowie Werte anderer Merkmale zur Identifikation von Personen enthalten kann, sodass zusätzliche Schritte unternommen werden müssen, wie die Generalisierung von Merkmalen, die Löschung der Originaldaten oder eine starke Aggregation der Daten (vgl. Abschn. 6.1). Daneben sind im Rahmen der Verschlüsselung Vorsichtsmaßnahmen zu treffen,

---

[5] Vgl. Art.-29-Datenschutzgruppe (2014) S. 24 f.; GMDS (2018) S. 23 ff.; Dewes/Steinebach u. a. (2020) S. 18 f.; Kneuper (2020) S. 6; Kneuper (2021) S. 131 f.
[6] Vgl. Art.-29-Datenschutzgruppe (2014) S. 25 f.

um eine Verknüpfbarkeit einzuschränken. So darf niemals derselbe Schlüssel für unterschiedliche Datenbanken angewandt werden, sodass eine betroffene Person in unterschiedlichen Kontexten verschiedenen pseudonymisierten Merkmalen entspricht. Zudem ist es zu vermeiden, unterschiedliche Schlüssel für unterschiedliche Personen zu verwenden und die Schlüssel nach einer bestimmten Anzahl pseudonymisierter Datensätze zu ändern, woraus Muster entstehen können und damit eine Verknüpfbarkeit gegeben ist. Schließlich soll der Geheimschlüssel nicht zusammen mit den pseudonymisierten Daten oder ungesichert aufbewahrt werden.[7]

Die Anwendung der Pseudonymisierung ist für Systeme geeignet, in welchen im Rahmen von Datenanalysen eine eindeutige, differenzierte Zuordnung zu Personen, Objekten oder Organisationen erforderlich ist, jedoch nicht die Kenntnis der zugrunde liegenden realen Identitäten, wie z. B. bei Personalisierungs- und Empfehlungsdiensten oder Systemen, bei denen Daten für eine Modellbildung ausgetauscht werden müssen. In diesem Fall können Pseudonyme auch durch Datentreuhänder erzeugt werden, sodass der Datenempfänger sog. entkoppelte Pseudonyme erhält, welche er keiner Identität mehr zuordnen kann.[8]

---

[7] Vgl. Art.-29-Datenschutzgruppe (2014) S. 26 f.
[8] Vgl. Dewes/Steinebach u. a. (2020) S. 19.

Anonymisierung strukturierter Daten 6

Der Anlass für eine Anonymisierung von Daten ist immer dann gegeben, wenn eine Teilmenge von Daten aus einer (Datenbank-)Tabelle mit personenbezogenen Daten, die der Datenschutz-Grundverordnung (DSGVO) unterliegen, verarbeitet oder für Forschungszwecke zur Verfügung gestellt werden soll. Mithilfe der Anonymisierung soll eine Identifizierung von Personen anhand ihrer Daten verhindert werden.[1] Hierfür existieren verschiedene Verfahren zur Anonymisierung von strukturierten Datensätzen, welche eine Gruppe von inhaltlich zusammengehörenden Daten bilden und aus einzelnen Datenpunkten bestehen. Ein Datensatz entspricht dabei einem Datenpunkt in einer Tabellenzeile, wobei jeder Datenpunkt des Datensatzes Attribute mit konkreten Werten enthält.[2] Dabei weisen die verschiedenen Anonymisierungsverfahren und -techniken ein unterschiedliches Maß an Robustheit auf. Der für die Verarbeitung der Daten Verantwortliche hat gemäß den Regeln des Datenschutzgesetzes diese Verfahren und Techniken zu berücksichtigen, indem insbesondere vom Verantwortlichen analysiert wird, welches Schutzniveau mit einer bestimmten Technik erzielt werden kann. Dabei gilt es, stets den aktuellen Stand der Technik sowie die folgenden drei Risiken (Angriffsszenarien) „Herausgreifen", „Verknüpfbarkeit" und „Inferenz" in Betracht zu ziehen, welche im Rahmen der Anonymisierung von wesentlicher Bedeutung sind. Das Risiko des „Herausgreifens" definiert die Möglichkeit, dass in einem Datenbestand einige oder alle Datensätze isoliert werden können, welche somit die Identifizierung einer Person ermöglichen. Die „Verknüpfbarkeit" beschreibt die Fähigkeit, mindestens zwei Datensätze, welche sich auf dieselbe Person oder Personengruppe beziehen, in derselben Datenbank oder in zwei verschiedenen Datenbanken verknüpft werden können. Sofern ein Angreifer in der

---

[1] Vgl. Petrlic/Sorge (2017) S. 27.
[2] Vgl. Dewes/Steinebach u. a. (2020) S. 8; SIT (2020) S. 80.

© Green Excellence GmbH 2022
H.-A. Krebs und P. Hagenweiler, *Datenanonymisierung im Kontext von Künstlicher Intelligenz und Big Data*, https://doi.org/10.1007/978-3-658-37588-1_6

Lage ist, festzustellen, dass zwei Datensätze dieselbe Personengruppe betreffen, ohne dass einzelne Personen in dieser Gruppe herausgegriffen (identifiziert) werden können, bietet diese Technik zwar einen Schutz vor dem „Herausgreifen" einer betroffenen Person oder Personengruppe, allerdings keinen Schutz vor der Verknüpfbarkeit. Die „Inferenz" ermöglicht schließlich die Ableitung des Wertes eines Merkmals mit einer signifikanten Wahrscheinlichkeit von den Werten einer Reihe anderer Merkmale. Somit ist die Technik der Anonymisierung, welche einen Schutz vor diesen drei Risiken bieten kann, robust und geeignet genug, eine Re-Identifizierung mit den Mitteln, welche entweder von dem für die Verarbeitung Verantwortlichen oder von einem Dritten eingesetzt werden können, zu verhindern. Dabei ist zu beachten, dass die Techniken der Re-Identifizierung und Anonymisierung Gegenstand laufender Forschungen sind und sich stetig weiterentwickeln, zumal immer wieder Vorfälle gezeigt haben, dass keine Technik per se vor Mängeln gefeit ist und somit keinen 100 %igen Schutz bieten kann.[3]

Neben den elementaren Anonymisierungstechniken stehen mittlerweile verschiedene Anonymitätsmodelle und Verfahren zur Verfügung, wobei zwischen aggregationsbasierten Verfahren (vgl. Abschn. 6.2), zufallsbasierten Verfahren (vgl. Abschn. 6.3) und synthesebasierten Verfahren (vgl. Abschn. 6.4) differenziert werden kann, welche unterschiedliche Ansätze verfolgen, um die Anonymität der transformierten Daten im Rahmen einer Risikoanalyse nachzuweisen. So ist es auch möglich, mehrere dieser Verfahren zu kombinieren, um die Anonymität zu verstärken. Darüber hinaus können die Verfahren zu unterschiedlichen Zeitpunkten angewandt werden, wonach statische, dynamische und interaktive Anonymisierungen unterschieden werden. So wird bei der statischen Anonymisierung ein bestehender, unveränderlicher und vollständig bekannter Datensatz nach vorher festgelegten Kriterien, z. B. zu Forschungszwecken, anonymisiert. Im Rahmen der dynamischen Anonymisierung wird ein kontinuierlicher Strom von Daten nach vorher festgelegten Kriterien anonymisiert, welche direkt weiterverarbeitet werden. Schließlich wird bei der interaktiven Anonymisierung ein in der Regel statischer Datensatz nach dynamisch festgelegten Kriterien interaktiv anonymisiert, indem z. B. das Ergebnis einer Datenbankabfrage nach der Anonymisierung wieder der Datenbank zurückgegeben wird.[4] Daneben gibt es Verfahren der Anonymisierung auf der Basis von künstlicher Intelligenz, wie u. a. das föderierte maschinelle Lernen (vgl. Abschn. 6.5) oder die semantische Anonymisierung (vgl. Abschn. 6.6).

---

[3] Vgl. Art.-29-Datenschutzgruppe (2014) S. 13; Dewes/Steinebach u. a. (2020) S. 15.
[4] Vgl. Dewes/Steinebach u. a. (2020) S. 8 f.

6.1   Elementare Anonymisierungstechniken

Für die Anonymisierung strukturierter personenbezogener Daten stehen verschiedene elementare Anonymisierungstechniken zur Verfügung. Diese Techniken werden in der Literatur sowohl unterschiedlich bezeichnet als auch unter verschiedenen Begriffen subsumiert, zumal der Prozess der Anonymisierung im Datenschutzrecht nicht vorgegeben ist. Grundsätzlich lassen sich die beiden Ansätze der Randomisierung und Generalisierung unterscheiden.[5] Darüber hinaus besteht neben den elementaren Ansätzen zur Anonymisierung der Daten die Möglichkeit, nicht die Daten in anonymisierter Form herauszugeben, sondern die gewünschte Analyse an den Originaldaten in geschützter Umgebung durchzuführen und nur die Ergebnisse der Analyse vor der Herausgabe zu anonymisieren. Diese Methode kann präzisere Ergebnisse liefern, wobei vorab die rechtliche Zulässigkeit einer solchen Verarbeitung geprüft werden muss. Nachteilig erweist sich dieser Ansatz, wenn viele Analysen durchgeführt werden müssen, da bei der Anonymisierung der Ergebnisse zudem die Querbeziehungen zwischen allen Ergebnissen zu berücksichtigen sind.[6]

6.1.1   Randomisierung

Im Rahmen der Randomisierung (pertubative Verfahren, Pertubation) werden die Daten (Attributwerte) so verfälscht, dass eine Verbindung zwischen Daten und betroffener Person entfernt und somit eine Identifikation unwahrscheinlicher wird. In Folge sind bestimmte Wertkombinationen des Ausgangsdatenbestands nicht mehr im Ergebnisdatenbestand enthalten. Diese Technik vermag es zwar nicht, die Einzigartigkeit der einzelnen Datensätze einzuschränken, da jeder Datensatz eine einzige betroffene Person zum Gegenstand hat, allerdings kann sie vor Angriffen mittels Inferenztechniken sowie vor Inferenzrisiken schützen.

---

[5] Vgl. Art.-29-Datenschutzgruppe (2014) S. 13 ff., S. 33 ff.; Bender (2015) S. 25 ff.; Hölzel (2018) S. 505 ff. (nach Torra (2017)); Gumz/Weber/Welzel (2019) S. 10 f.; Winter/Battis/Halvani (2019) S. 342; SIT (2020) S. 80. Die Strukturierung der Techniken erfolgt in der vorliegenden Studie weitgehend der Darstellung der Art.-29-Datenschutzgruppe (2014).

[6] Vgl. Winter/Battis/Halvani (2019) S. 342; SIT (2020) S. 80.

Zudem ermöglicht eine Kombination mit Generalisierungstechniken sowie weiteren Techniken einen stärkeren Schutz der Privatsphäre.[7] Im Folgenden werden einige Methoden der Randomisierung vorgestellt.

Stochastische Überlagerung

Mithilfe der Technik der stochastischen Überlagerung werden Merkmale im Datenbestand so verändert, dass sie weniger genau sind und zugleich die allgemeine Verteilung aufrechterhalten bleibt. Die stochastische Überlagerung muss meistens mit anderen Anonymisierungstechniken, wie z. B. die Entfernung offensichtlicher Merkmale und Quasi-Identifikatoren, kombiniert werden. Hierbei gilt es, eine Balance zwischen den benötigten Informationen und den Auswirkungen einer Identifizierung der geschützten Merkmale auf die Privatsphäre der betroffenen Personen herzustellen. Bei der Anwendung der stochastischen Überlagerung ist es möglich, die Datensätze einer Person herauszugreifen, wenn die Daten weniger präzise sind, wobei allerdings eine Identifizierung dieser Person nicht unbedingt gegeben ist. Auch ist es weiterhin möglich, die Datensätze einer bestimmten Person, z. B. mit nachträglich hinzugefügten Datensätzen, miteinander zu verknüpfen, was eine falsche Zuordnung zu einer betroffenen Person bedeuten kann. Zudem können Angriffe mittels Inferenztechniken in begrenztem Umfang möglich sein. Bei der stochastischen Überlagerung ist auf die Art der Veränderungen zu achten. Sofern eine Überlagerung semantisch nicht glaubwürdig ist, z. B. durch Übertreibung oder Missachtung logischer Zusammenhänge, besteht das Risiko, dass Angreifer die Überlagerung herausfiltern und die fehlenden Einträge rekonstruieren können. Ein schwach besetzter Datenbestand kann es hingegen ermöglichen, die überlagerten Dateneinträge mit einer externen Quelle zu verknüpfen. Die stochastische Überlagerung ist als ergänzende Maßnahme anzusehen, welche den Zugriff auf personenbezogene Daten erschwert, aber nicht allein als Anonymisierungstechnik ausreicht.[8]

Vertauschung (Swapping)

Bei der Vertauschung, welche auch als spezielle Form der stochastischen Überlagerung angesehen wird, werden einige Attributwerte in einer Tabelle künstlich mit anderen betroffenen Personen verknüpft, wobei die exakte Verteilung eines jeden Attributs im Datenbestand erhalten bleibt. Dabei werden in der Regel die Attribute mit den höchsten Identifizierungsraten getauscht. Im Gegensatz zur klassischen

---

[7] Vgl. Art.-29-Datenschutzgruppe (2014) S. 14, S. 34 ff.; Bender (2015) S. 26 f.; Hölzel (2018) S. 505.

[8] Vgl. Art.-29-Datenschutzgruppe (2014) S. 14 f.; Valkanova (2020) S. 346 f.

stochastischen (zufälligen) Überlagerung, wo Merkmale mithilfe von Zufallsgrößen verändert werden, kann sich diese Technik als schwierig erweisen, zumal eine leichte Modifizierung der Attributwerte für einen hinreichenden Schutz nicht ausreichend ist. Mithilfe der Vertauschungstechniken werden Attributwerte innerhalb des Datenbestandes von einem Datensatz in einen anderen verschoben, wodurch die Bandbreite und Verteilung der Attributwerte, aber nicht die Korrelationen zwischen den Attributwerten und den betroffenen Personen unverändert erhalten bleiben. Dabei müssen mitunter ganze Reihen miteinander in Zusammenhang stehender Attribute vertauscht werden, um die logischen Beziehungen nicht zu zerstören, sodass Angreifer die vertauschten Attribute nicht auffinden können.[9]

In Hinblick auf das Schutzniveau ist es bei der Technik der Vertauschung möglich, die Datensätze einer Einzelperson herauszugreifen. Zudem kann eine Vertauschung von Merkmalen und Quasi-Identifikatoren eine „korrekte" Verknüpfung von Merkmalen innerhalb und außerhalb eines Datenbestandes verhindern. Darüber hinaus können durch Inferenztechniken Informationen aus dem Datenbestand abgeleitet werden, insbesondere wenn Merkmale korrelieren. Eine zufällige Vertauschung von Merkmalswerten, wo zwischen verschiedenen Merkmalen logische Zusammenhänge bestehen, sowie eine Vertauschung der Werte nicht sensitiver oder nicht risikobehafteter Merkmale führen zu keiner wesentlichen Verbesserung des Schutzes personenbezogener Daten und sorgen damit nicht für ausreichende Garantien. Die Technik der Vertauschung sollte stets mit der Entfernung von Quasi-Identifikatoren kombiniert werden, um eine Anonymisierung zu gewährleisten.[10]

Verfälschung (Rauschen)

Bei dem Ansatz der Verfälschung (rauschbasierten Anonymisierung) wird entweder ein Teil der Daten oder es werden alle Daten durch die Hinzufügung eines künstlich erzeugten, statistischen Rauschens zufällig abgewandelt, sodass eine Re-Identifikation sowie eine zuverlässige Schätzung von Attributwerten einzelner Personen erschwert werden. Hierbei werden z. B. zu den Attributwerten eines Datensatzes zufällige Störungen hinzugefügt, verschiedene Einträge in der Tabelle vertauscht oder eine künstliche Tabelle auf der Grundlage der Originaltabelle synthetisiert. Dies bewirkt, dass der eigentliche Wert eines Attributs nicht mehr mit Sicherheit bestimmt werden kann, was eine plausible Anonymität für die betroffene Person schafft. Allerdings kann wie bei anderen Verfahren der Anonymisierung die Nutzbarkeit der Daten reduziert werden. Bei der Analyse des Datensatzes müssen

---

[9] Vgl. Art.-29-Datenschutzgruppe (2014) S. 16; Bender (2015) S. 27; Hölzel (2018) S. 505; Valkanova (2020) S. 347.
[10] Vgl. Art.-29-Datenschutzgruppe (2014) S. 16 f.

allerdings die Veränderungen als Störeffekt berücksichtigt werden, da in Abhängigkeit des Verfahrens bei der Veränderung von Attributwerten auch unrealistische oder
unvalide Daten erzeugt werden können. Als Folge können die Analyse erschwert und
die Anonymität der Daten geschwächt werden, da möglicherweise weitergehende
Rückschlüsse auf die Ursprungsdaten gezogen werden können.[11]

Löschung (Maskierung)
Im Rahmen der Löschung können Daten zu atypischen Personen oder atypische
Werte entfernt werden, wobei allerdings gewährleistet sein muss, dass das Fehlen
des gelöschten Wertes nicht zur Identifizierung einer betroffenen Person genutzt
werden kann. Die Löschung kann Inhalte einzelner Zellen, Spalten oder Zeilen
einer Datenbank betreffen.[12]

Mikroaggregation (Clustering)
Im Rahmen der Mikroaggregation werden die Mikrodatensätze in Untergruppen
aufgeteilt und innerhalb dieser Gruppen die Daten nach Ähnlichkeit der Attribut-
werte gruppiert, wobei die Attributwerte in jeder Gruppe zu einem repräsentativen
Durchschnittswert zusammengefasst werden, wie z. B. dem Mittelwert oder Median.
Die Gruppengröße wird als unabhängige Variable extern vorgegeben unter der
Voraussetzung, dass sie in allen Verfahren mindestens drei betragen muss. Mit
Anwendung dieser Technik verringert sich die Identifikationswahrscheinlichkeit,
da mehrere Mikrodatensätze die gleichen Attributwerte aufweisen und daher als
Quasi-Identifikatoren weniger geeignet sind.[13]

6.1.2 Generalisierung

Bei dem Ansatz der Generalisierung (nicht pertubative Verfahren, Vergröberung) werden die jeweiligen Attributwerte der betroffenen Personen durch die
Veränderung der entsprechenden Größenskala oder -ordnung generalisiert respektive das Attribut durch einen weniger spezifischen Wert ersetzt. Dabei gehen

---

[11] Vgl. Winter/Battis/Halvani (2019) S. 342; Dewes/Steinebach u. a. (2020) S. 8, S. 12 f.;
SIT (2020) S. 80.
[12] Vgl. Art.-29-Datenschutzgruppe (2014) S. 35; Winter/Battis/Halvani (2019) S. 342; SIT
(2020) S. 80; Valkanova (2020) S. 348.
[13] Vgl. Hölzel (2018) S. 505; Winter/Battis/Halvani (2019) S. 342; SIT (2020) S. 80.

Details verloren, was die Nutzbarkeit der Daten vermindern kann. Die Generalisierung verhindert zwar wirksam das Herausgreifen einzelner Personen aus den Datensätzen, da weniger Quasi-Identifikatoren zur Identifizierung vorhanden sind, allerdings ermöglicht sie noch keine effektive Anonymisierung. Wie bei der Randomisierung wird ein spezifischer quantitativer Ansatz vorausgesetzt, um einer Verknüpfbarkeit und Inferenzen vorzubeugen.[14] Im Folgenden werden die gängigen Methoden kurz skizziert.

Recoding

Beim Recoding werden numerische und kategoriale Attribute generalisiert, indem sie durch verwandte Begriffe zusammengefasst werden, wobei einzelne ausgewählte Attribute (Local Recoding) oder alle Attribute (Global Recoding) generalisiert werden können. Dies können Intervalle bei numerischen Daten oder übergeordnete Kategorien bei kategorialen Daten sein, sodass weniger Quasi-Identifikatoren zur Identifizierung vorhanden sind.[15]

Suppression

Bei der Suppression werden einzelne Attributwerte (Local Suppression) bzw. alle Werte eines bestimmten Attributs (Value Suppression) entfernt (unterdrückt) oder durch einen speziellen Suppressionswert ersetzt, sodass wiederum die Ähnlichkeit der Datensätze bezüglich der Quasi-Identifikatoren erhöht und das Identifikationsrisiko gesenkt werden. Damit lassen sich Ausreißer, welche sich stark von den restlichen Attributen unterscheiden, entfernen.[16]

6.2 Aggregationsbasierte Verfahren

Um den Anonymitätsgrad von Daten, welche mithilfe der zuvor genannten Techniken anonymisiert worden sind, zu bestimmen, stehen verschiedene Kriterien bzw. Maße zur Verfügung. Diese basieren auf verschiedenen Annahmen über das Hintergrundwissen eines Angreifers und über die Art des zu erreichenden Schutzes. Einen minimalen Schutz bieten die Kriterien k-Map und δ-Presence

---

[14] Vgl. Art.-29-Datenschutzgruppe (2014) S. 19, S. 39 ff.; Bender (2015) S. 25; Hölzel (2018) S. 505; Winter/Battis/Halvani (2019) S. 342; Kneuper (2020) S. 11; SIT (2020) S. 80; Kneuper (2021) S. 151.

[15] Vgl. Bender (2015) S. 25 f.; Hölzel (2018) S. 505; SIT (2020) S. 80.

[16] Vgl. Bender (2015) S. 26; Hölzel (2018) S. 505; Kneuper (2020) S. 11; Kneuper (2021) S. 151.

unter der Annahme, dass die in der Tabelle erfassten Personen aus einer größeren Population stammen, bei der ein Angreifer keine Kenntnis darüber hat, ob eine bestimmte Person in der Tabelle enthalten ist. Als bekanntestes Anonymitätskriterium gilt die k-Anonymität, deren Konzept stetig weiterentwickelt wird, woraus u. a. die Konzepte der l-Diversität und t-Nähe entstanden sind. Diese Konzepte haben eine gemeinsame Basis, wonach die in den Datensätzen enthaltenen Attribute in drei Klassen eingeteilt werden.[17] So werden im Rahmen der Bewertung der Anonymität von Daten die in den Datensätzen enthaltenen Attribute in (direkte oder explizite) Identifikatoren, Quasi-Identifikatoren (indirekte Identifikatoren) und sensible Attribute unterschieden. Während es sich bei direkten Identifikatoren um Attribute handelt, die eindeutig oder nahezu eindeutig zuordenbar sind, wie z. B. der Name oder die E-Mail-Adresse, stellen die Attribute bei Quasi-Identifikatoren einzeln keine Identifikatoren dar, sondern nur in Kombination und Verwendung extern erhältlicher Daten, wie z. B. die Postleitzahl in Verbindung mit dem Geschlecht und Geburtsdatum. Die Ausprägung sensibler Attribute ist dagegen keiner Person zuordenbar, wie z. B. im medizinischen Bereich bei Diagnosen, welche aber ein personenspezifisches Merkmal darstellen, mit denen Personen nicht in Verbindung gebracht werden möchten, sodass es diese entsprechend zu schützen gilt. Anhand dieser Attribute können drei mögliche Bedrohungsarten der Anonymität differenziert werden. Während bei der Re-Identifizierung (Aufdeckung der Identität) anonymisierte Daten (zumindest teilweise) einer natürlichen Person zugeordnet werden können, ist bei der Aufdeckung der Zugehörigkeit (Attribut-Ableitung) mit hoher Wahrscheinlichkeit eine Ableitung von Informationen über Einzelpersonen möglich, weil ihre Identität auf eine Gruppe mit denselben Eigenschaften eingeschränkt werden kann. Schließlich kann bei der Aufdeckung eines Attributs (Ableitung der Mitgliedschaft) eine natürliche Person mit einer sensiblen Information in Verbindung gebracht werden.[18] In der Regel reicht es bei einer Anonymisierung von Daten nicht aus, die Identifikatoren, also Angaben, welche eine Person eindeutig identifizieren, einfach wegzulassen (Basis-Anonymisierung), da durch eine Kombination mit anderen, öffentlich verfügbaren Daten die Anonymisierung wieder aufgehoben werden kann. Um dies zu verhindern, können diverse Anonymitätsmodelle eingesetzt werden, welche den Grad der Anonymität bewerten, unter denen die in den folgenden Abschnitten beschriebenen Modelle zu den grundlegendsten und

---

[17] Vgl. Gumz/Weber/Welzel (2019) S. 11 ff.; Winter/Battis/Halvani (2019) S. 342; SIT (2020) S. 80 f.

[18] Vgl. Petrlic/Sorge (2017) S. 29 f.; Hölzel (2018) S. 504, S. 507; Gumz/Weber/Welzel (2019) S. 8; Kneuper (2020) S. 7; SIT (2020) 81; Kneuper (2021) S. 144 f.

bekanntesten Ansätzen gehören.[19] Die Anonymitätsmaße können nur dann einen Schutz gewährleisten, wenn die Zuordnung der Attribute zu den Identifikatoren, Quasi-Identifikatoren und sensiblen Attributen korrekt ist, was bedeutet, dass sie mit den Möglichkeiten eines Angreifers konsistent sein müssen, da sonst eine Re-Identifizierung möglich ist. Insofern ist das Wissen über Art, Struktur und Inhalt der Daten für die geeignete Anwendung der Anonymisierungstechniken auf große Datensätze wesentlich.[20]

Bei aggregationsbasierten Verfahren erfolgt eine Gruppierung einzelner Datenpunkte des Ursprungsdatensatzes, mit dem Ziel, die Nutzbarkeit und Qualität der Daten möglichst zu erhalten und das Risiko der Re-Identifikation und der Bestimmung von Attributwerten einzelner Personen zu reduzieren. Hierbei werden identifizierende Merkmale entweder generalisiert (vergröbert) oder mithilfe der Mikroaggregation innerhalb der Gruppen durch repräsentative Werte ersetzt.[21] Aggregationsbasierte Verfahren, welche auf statische (eingeschränkt) und auf dynamische Datensätze angewandt werden können, sind oft einfach strukturiert, was eine Überprüfung und Interpretation der aggregierten Daten vereinfacht, zumal die Daten keine zufälligen Veränderungen einzelner Attributwerte oder Kombinationen beinhalten. Allerdings kann bei Datensätzen mit vielen Attributwerten eine Gruppierung sehr komplex sein, wodurch die Anwendbarkeit der aggregationsbasierten Anonymisierung beschränkt wird.[22]

6.2.1 k-Anonymity

Mit dem Konzept der k-Anonymität (k-Anonymity), das 2002 von Sweeney entwickelt wurde, lässt sich der Grad der Anonymität einer Menge von Daten bewerten.[23] Dabei werden die Attribute eines Datensatzes in unsensible und sensible Attribute unterteilt. Während sensible Attribute besonders schützenswerte Informationen über Personen darstellen, bilden die unsensiblen Attribute allgemeine Personenmerkmale, wie z. B. das Alter oder das Geschlecht. Die unsensiblen Attribute (Quasi-Identifikatoren) können in Kombination innerhalb eines Datensatzes eindeutig sein und mit anderen Datensätzen leicht verknüpft

---

[19] Vgl. Kneuper (2020) S. 6, S. 12; Kneuper (2021) S. 144.

[20] Vgl. SIT (2020) S. 81, S. 83.

[21] Vgl. Dewes/Steinebach u. a. (2020) S. 9.

[22] Vgl. Dewes/Steinebach u. a. (2020) S. 12.

[23] Vgl. Art.-29-Datenschutzgruppe (2014) S. 41 ff.; Marnau (2016) S. 428; Kneuper (2020) S. 13; SIT (2020) S. 81; Kneuper (2021) S. 153.

werden, womit sie zur Re-Identifikation einzelner Personen genutzt werden
könnten. Nach der Unterteilung der Attribute wird der Datensatz nach allen
unsensiblen Attributen gruppiert, wobei die Werte der sensiblen Attribute von
den zugehörigen Datenpunkten der Gesamtgruppe zugeordnet werden.[24] Hiernach
wird eine Menge von Daten (Datensatz) als k-anonym bezeichnet, wenn es in
jeder so gebildeten Gruppe zu den identifizierenden Informationen (Identifikatoren) über eine bestimmte Person mindestens k-1 weitere Personen (Datenpunkte)
gibt, welche auf der Grundlage der Quasi-Identifikatoren nicht von dieser Person unterschieden werden können. Dabei bestimmt die Größe des Parameters k
die Größe des Grades der Anonymität.[25] So bedeutet z. B. k = 2, dass zwei
Individuen hinsichtlich ihrer Attribute nicht zu unterscheiden sind. Mit diesem
Modell soll die Verknüpfung sensibler Attribute zu einem einzelnen Individuum
erschwert werden, da immer mindestens k Individuen dieselben Attribute teilen.[26]
Die Anonymität wird demnach dann erreicht, wenn eine eindeutige Zuordnung
zwischen sensiblen Attributwerten und einzelnen Datenpunkten von Personen in
der Gruppe nicht möglich ist.[27]

Um eine k-Anonymität zu erreichen, wird eine Basis-Anonymisierung der
Daten gemäß der HIPAA[28]-Regelungen/Safe Harbor vorgenommen, was primär durch Unterdrückung (Löschung) und Generalisierung (Vergröberung) sowie
zusätzlich durch zufällige Vertauschung und Hinzufügung von Rauschen (zufällige Veränderung einzelner Werte) der angewandten Daten erfolgen kann. Bei
einer größeren Datenmenge ist die Umsetzung dieser Maßnahmen durch den
Einsatz von Software unter der Nutzung entsprechender Bibliotheken erforderlich.[29] Für die k-Anonymität und die daran anknüpfenden Kriterien gibt es eine
Vielzahl von Algorithmen, welche auf Generalisierung und Löschung basieren.
Während sich einfachere Algorithmen auf eine Generalisierung (Vergröberung)
auf der Attribut-Ebene beschränken, wobei für eine Tabellenspalte festgelegt
wird, welcher Wert zu welchem generalisiert wird, kann bei komplexeren Algorithmen die Generalisierung auf Zell-Ebene festgelegt werden. Durch den Einsatz
von komplexeren Algorithmen ist der Informationsverlust zwar geringer, jedoch

---

[24] Vgl. Dewes/Steinebach u. a. (2020) S. 9 f.

[25] Vgl. Bender (2015) S. 15 f.; Marnau (2016) S. 428; Kneuper (2020) S. 13; SIT (2020)
S. 81; Kneuper (2021) S. 153.

[26] Vgl. Marnau (2016) S. 428.

[27] Vgl. Dewes/Steinebach u. a. (2020) S. 10.

[28] Health Insurance Portability and Accountability Act.

[29] Vgl. Office for Civil Rights (2015); Art.-29-Datenschutzgruppe (2014) S. 19; GMDS
(2018) S. 17 f.; Kneuper (2020) S. 13; Kneuper (2021) S. 153 f.

steigt zugleich der Aufwand beim Auffinden einer optimalen Generalisierung mit der Anzahl der Tabellenzellen. Auch bei einfacheren Algorithmen kann der Aufwand der Generalisierung bei großen Datentabellen mit vielen Attributen groß sein. Dagegen können Algorithmen auf der Basis von Mikroaggregation (Clustering von ähnlichen Attributen) effizient sein und mehr Informationen erhalten als Generalisierungen auf der Attribut-Ebene.[30]

Die k-Anonymität ermöglicht mit einem ausreichend hohen Wert k zwar einen guten Schutz gegen eine Re-Identifizierung von Daten (Identity Disclosure), allerdings nicht gegen die Ableitung von Attributen (Attribute Disclosure) oder einer Gruppen-Mitgliedschaft (Membership Disclosure). So ist es bei einer k-Anonymität möglich, dass alle Mitglieder einer k-anonymen Gruppe dasselbe sensible Attribut teilen, wodurch eindeutige Aussagen über jedes einzelne Individuum der k-anonymen Gruppe gemacht werden können. Somit schützt eine Gruppierung die Daten der Personen in der Gruppe nicht vor Aufdeckung ihres Attributwerts, da dieser für alle Mitglieder der Gruppe identisch sein kann, sodass auch ohne Kenntnis der genauen Zuordnung der ununterscheidbaren Einzelwerte auf Gruppenmitglieder mit Sicherheit auf diesen Wert geschlossen werden kann. Zudem bietet diese Technik keinen Schutz vor Angriffen durch Inferenztechniken, da die Möglichkeit bestehen kann, dass alle k Personen ein und derselben Gruppe angehören können und es dann genügt, die Zugehörigkeit einer Person der Gruppe zu kennen, um den Wert der Eigenschaft zu ermitteln.[31]

Bei der Anwendung der k-Anonymität ist auf den Schwellenwert von k zu achten. Bei einem hohen Wert von k wird von einem starken Schutz der Privatsphäre ausgegangen. Dabei sollte allerdings der Wert k nicht durch eine Reduzierung der Quasi-Identifikatoren künstlich angehoben werden, was in Folge eine Clusterbildung aus k Personen vereinfacht und die verbleibenden Merkmale, wie z. B. sensitive oder seltene Merkmale, zur Identifizierung geeignet sein können. Zudem sind im Rahmen der Generalisierung alle Quasi-Identifikatoren zu berücksichtigen, um zu verhindern, dass einzelne Personen aus einem Cluster von k Personen herausgegriffen werden können. Bei einem geringen k-Wert kann das Gewicht der einzelnen Personen in einem Cluster signifikant werden, da die Wahrscheinlichkeit bei einer kleinen Gruppe größer wird, dass die Personen dieselbe Eigenschaft aufweisen und Angriffe mittels Inferenztechniken diese Eigenschaft ermitteln können. Schließlich ist eine Gruppierung von Personen mit einer ungleichmäßigen Verteilung von Merkmalen zu vermeiden, da andernfalls das Gewicht der

---

[30] Vgl. Winter/Battis/Halvani (2019) S. 343; SIT (2020) S. 83; Valkanova (2020) S. 348.

[31] Vgl. Art.-29-Datenschutzgruppe (2014) S. 19 f.; Bender (2015) S. 16; Dewes/Steinebach u. a. (2020) S. 10; Kneuper (2020) S. 13; Kneuper (2021) S. 154.

Datensätze einzelner Personen innerhalb des Datenbestandes unterschiedlich groß wird.[32]

Um diese Schwachstellen zu unterbinden, bedarf es einer Erweiterung dieses Ansatzes durch l-Diversität und t-Nähe.[33] Das Verfahren der k-Anonymität schützt nur gegen bestimmte Risiken, wenn die Annahmen über das Hintergrundwissen der Angreifer und über die Eigenschaften der Daten korrekt sind. Es bietet sich daher an, die existierenden Anonymitätskriterien durch formale Angreifermodelle zu ergänzen, mit denen die angenommenen Fähigkeiten und das angenommene (Hintergrund-) Wissen von Angreifern konkretisiert werden kann.[34]

6.2.2 l-Diversity

Das Modell der l-Diversität (l-Diversity), das 2006 von Machanavajjhala u. a. eingeführt wurde, erweitert die k-Anonymität, indem es ein Maß an Verschiedenheit der sensiblen Attribute innerhalb einer k-anonymen Gruppe garantiert, wobei für jede gebildete Gruppe die Anzahl der unterschiedlichen Attributwerte erfasst wird. So wird ein Datensatz als l-divers bezeichnet, wenn alle Gruppen mindestens l verschiedene Attributwerte beinhalten. Dabei schützt das Modell l-Diversität Personen vor der Offenlegung ihrer sensiblen Attributwerte, indem keine Gruppen weniger als l verschiedene sensible Attributwerte beinhalten. Dieses Modell lässt sich unabhängig von der k-Anonymität nutzen. Ein l-diverser Datensatz gilt immer als mindestens l-anonym, wenn für l-Diversität mindestens l Einträge in einer gegebenen Gruppe erforderlich sind. Dabei genügt es nicht, lediglich zwei Werte eines Merkmals in einem Cluster zu haben, um einen Schutz zu bewirken, sondern die Verteilung der Werte sensitiver Merkmale in jedem Cluster sollte der Verteilung dieser Werte in der gesamten Population ähneln oder zumindest innerhalb des Clusters einheitlich sein. Somit ist das Konzept der l-Diversität nur dann geeignet, Daten vor Angriffen mithilfe von Inferenztechniken zu schützen, wenn die Merkmalswerte gut verteilt sind. Auch l-diverse Datensätze können somit angreifbar sein, wenn bei großen Gruppengrößen eine starke Konzentration auf einzelne Attributwerte möglich ist, indem nur wenige Mitglieder einen abweichenden Wert besitzen und Angreifer mit großer Erfolgswahrscheinlichkeit den Attributwert aus dieser Gruppe erraten können. Somit bedarf es

---

[32] Vgl. Art.-29-Datenschutzgruppe (2014) S. 20 f.

[33] Vgl. Marnau (2016) S. 429; Kneuper (2020) S. 13; Kneuper (2021) S. 154.

[34] Vgl. Winter/Battis/Halvani (2019) S. 343; SIT (2020) S. 95.

auch bei diesem Modell um die Erweiterung eines weiteren Kriteriums.[35] Die
l-Diversität unterscheidet drei Varianten. Dies sind die eindeutige l-Diversität
(distinct-l-diversity), die Entropie-l-Diversität (entropy-l-diversity) und die rekursive (c, l)-Diversität (recursive-(c, l)-diversity). So gilt eine Tabelle als eindeutig
l-divers, wenn mindestens l verschiedene Werte für jedes Attribut vertreten sind.
Sofern sich diese Attribute stark voneinander unterscheiden, ist dieser Ansatz
schwach. Einen starken Schutz bietet dagegen die Entropie-l-Diversität. Eine
rekursive (c, l)-Diversität stellt sicher, dass der häufigste Wert in einem sensiblen
Attribut ausreichend selten und zugleich der seltenste Wert ausreichend häufig
vertreten ist.[36]

Wie bei dem Ansatz der k-Anonymität wird auch bei dem Konzept der l-
Diversität (und t-Nähe) gewährleistet, dass keine Datensätze zu einer Person
aus einer Datenbank herausgegriffen werden können. Hinsichtlich der Einschränkung auf die Verknüpfbarkeit stellen die Ansätze l-Diversität und t-Nähe keine
Verbesserung dar. Wie bei jedem Cluster ist die Wahrscheinlichkeit, dass dieselben Einträge zu derselben betroffenen Person gehören, größer als 1/N.[37] Die
wesentliche Verbesserung gegenüber der k-Anonymität liegt bei den Ansätzen
der l-Diversität und t-Nähe darin, dass Angriffe mittels Inferenztechniken gegen
Datenbanken niemals zu 100 % sicher sein können.[38]

6.2.3 t-Closeness

Das Modell der t-Nähe (t-Closeness), das von Li u. a. 2007 eingeführt wurde, ver-
feinert das Konzept der k-Anonymität um einen Parameter, welcher die Verteilung
der sensiblen Attribute in den einzelnen Äquivalenzklassen mit der Verteilung
in der gesamten Tabelle harmonisiert.[39] Diese Technik ist nützlich, wenn die
ursprünglichen Daten möglichst wenig verändert werden sollen, wofür eine weitere Bedingung für die Äquivalenzklasse eingeführt wird. So müssen nicht nur
mindestens l verschiedene Werte in jeder Äquivalenzklasse vertreten sein, sondern

---

[35] Vgl. Art.-29-Datenschutzgruppe (2014) S. 22, S. 43 f.; Bender (2015) S. 16 ff.; Marnau
(2016) S. 429; Dewes/Steinebach u. a. (2020) S. 10; SIT (2020) S. 82; Valkanova (2020)
S. 349.

[36] Vgl. SIT (2020) S. 82.

[37] N = Anzahl der betroffenen Personen in der Datenbank, vgl. Art.-29-Datenschutzgruppe
(2014) S. 22.

[38] Vgl. Art.-29-Datenschutzgruppe (2014) S. 22.

[39] Vgl. Art.-29-Datenschutzgruppe (2014) S. 22, S. 44 ff.; Bender (2015) S. 18 ff.; Marnau
(2016) S. 429; SIT (2020) S. 83.

jeder Wert muss zudem so oft vertreten sein, dass die ursprüngliche Verteilung für jedes einzelne Merkmal abgebildet wird.[40] Dabei wird mit diesem Modell für jede Gruppe die Stärke der Abweichung der Verteilung der sensiblen Attributwerte über diese Gruppe von der Verteilung über den gesamten Datensatz erfasst, wobei der Grad der Abweichung keine eindeutig definierte Größe ist, sondern zur Messung häufig Metriken herangezogen werden, wie u. a. die Kullback-Leibler Divergenz oder die Earth Mover's Distance. Danach gilt ein Datensatz als t-nah, wenn der Wert dieser Metrik in jeder Gruppe maximal t beträgt. Aufgrund der Beschränkung der Abweichung zwischen bedingter und unbedingter Verteilung der sensiblen Attributwerte kann die Anonymität einzelner Personen in der Gruppe besser geschützt werden als bei der Nutzung des Modells der l-Diversität. Auch bei diesem Modell bestehen allerdings Risiken, da es nicht immer einfach ist, einen adäquaten Wert für t zu definieren und das Risiko der Re-Identifikation sowie der Bestimmung von Attributwerten einzelner Gruppen in Abhängigkeit der Verteilung der Attributwerte sehr unterschiedlich ausfallen kann.[41]

6.2.4 δ-Presence

Die in den vorherigen Abschnitten vorgestellten Anonymitätskriterien bieten keinen Schutz gegen die Ableitung von Mitgliedern einer Gruppe (Membership Disclosure), sodass es Angreifern möglich ist, die Präsenz von Personen in einem Datensatz zu ermitteln. Um diesen Schutz zu gewährleisten, wurde das Kriterium der δ-Presence entwickelt. Als Basis wird ein Modell verwendet, das zwei Datenbanken umfasst. Während eine Datenbank öffentlich verfügbare Informationen repräsentiert, wie z. B. Personenverzeichnisse, die Quasi-Identifikatoren enthalten, befinden sich im zweiten kleineren Datensatz private Daten, welche anonymisiert werden sollen. Das Kriterium schränkt die Wahrscheinlichkeiten ein, mit denen bestimmt werden kann, ob eine Person aus dem Gesamtdatensatz in der Teilmenge enthalten ist oder nicht. Die Obergrenzen für diese Wahrscheinlichkeiten werden auf der Grundlage der Größen von Äquivalenzklassen berechnet.[42]

---

[40] Vgl. Art.-29-Datenschutzgruppe (2014) S. 22; Valkanova (2020) S. 349.

[41] Vgl. Dewes/Steinebach u. a. (2020) S. 11; SIT (2020) S. 83.

[42] Vgl. Bender (2015) S. 20 ff.; Prasser/Kohlmayer (2015) S. 118.

6.2.5 Auswahl weiterer Anonymitätskriterien

Neben den behandelten Anonymitätskriterien existieren weitere Kriterien, welche für Sonderfälle oder bestimmte Arten von Daten entwickelt wurden. So ist es möglich, dass für eine Person mehrere Einträge in einer Tabelle existieren können, wobei die k-Anonymität dann keinen ausreichenden Schutz mehr vor einer Datensatzverknüpfung (Record Linkage) bietet, da eine Äquivalenzklasse weniger als k Individuen repräsentieren kann. Hierfür wurde die (X, Y)-Anonymity entwickelt, wobei X und Y disjunkte (elementefremde) Mengen von Attributen darstellen. Nach diesem Kriterium ist ein Wert aus X mit mindestens k unterschiedlichen Werten aus Y verknüpft. So wird die k-Anonymität erreicht, wenn X die Quasi-Identifikatoren enthält und ein Element in Y einem Schlüssel entspricht, welcher Personen eindeutig identifiziert, wobei in jeder Äquivalenzklasse mindestens k unterschiedliche Personen vorhanden sind. Um eine Verknüpfung von Attributen (Attribute Linkage) zu verhindern, wurde die (X, Y)-Linkability entwickelt. Mit diesem Kriterium wird die Sicherheit beschränkt, mit der ein Wert in Y von einem Wert aus X abgeleitet werden kann. Das Kriterium (X, Y)-Privacy kombiniert die beiden Kriterien. Ein vergleichbarer Ansatz wird auch mit der (α, κ)-Anonymity verfolgt. Bei dem Kriterium l+-Diversity (Confidence Bounding), einer Erweiterung der l-Diversity, werden Templates definiert, welche für jede Abbildung eines Quasi-Identifikators auf ein sensitives Attribut einen Schwellenwert h angeben. Wie bei der (X, Y)-Linkability beschränkt dieser Wert h das Konfidenzniveau, mit dem ein Angreifer einen sensitiven Wert aus einem Quasi-Identifikator ableiten kann.[43]

Personenbezogene Daten, welche eine große Anzahl an Quasi-Identifikatoren besitzen, sind nicht leicht zu anonymisieren, da bei der Anwendung von k-Anonymität ein großer Teil der Informationen verloren geht, wodurch die Qualität des Datensatzes deutlich reduziert wird (Curse of Dimensionality). Hierfür wurde die LKC-Privacy entwickelt. Dieses Prinzip basiert auf der Annahme, dass ein Angreifer nicht alle Informationen über die Quasi-Identifikatoren einer Person besitzt und nur L Attribute kennt. Dabei wird jeder Quasi-Identifikator mit der maximalen Länge L von mindestens K Einträgen geteilt und die Wahrscheinlichkeit, einen sensitiven Wert abzuleiten, ist dabei nicht größer als C. Mit diesem Anonymitätskriterium können andere Kriterien, wie z. B. k-Anonymity, l-Diversity, (α, κ)-Anonymity und Confidence Bounding, generalisiert werden.[44]

---

[43] Vgl. Bender (2015) S. 22 ff.
[44] Vgl. Bender (2015) S. 24.

Für numerische sensitive Attribute wurden die Kriterien (k, e)-Anonymity und (ε, m)-Anonymity entwickelt, da es im Gegensatz zu kategorialen Attributen nicht ausreicht, dass die Äquivalenzklassen eine Mindestanzahl unterschiedlicher Werte enthalten, wenn die Werte in einem kleinen Bereich liegen. So werden bei (k, e)-Anonymity Einträge in Gruppen eingeteilt, wobei jede Gruppe mindestens k unterschiedliche sensitive Werte in einem Bereich von mindestens e enthält. Bei der (ε, m)-Anonymity wird zudem die Verteilung der Werte berücksichtigt, sodass in einer Äquivalenzklasse für jeden sensitiven Wert maximal 1/m Tupel einen ähnlichen Wert haben. Da die k-Anonymität meist nur einzelne Tabellen behandelt, wurde hierfür das Kriterium der multirelationalen k-Anonymität entwickelt, das k-Anonymität über mehrere relationale Tabellen garantieren kann. In einigen Fällen können die Attribute nicht eindeutig in sensitive und quasi-identifizierende Attribute getrennt werden. Für diesen Fall wurde das Kriterium FF-Anonymity entwickelt, das keine Quasi-Identifikatoren festlegt, sondern für jeden Attributwert entschieden wird, ob dieser sensitiv ist oder nicht.[45]

6.2.6 Algorithmen für Techniken der k-Anonymity

Bei der k-Anonymität werden Daten anonymisiert, indem eine Person von k-1 weiteren Personen nicht mehr zu unterscheiden ist. Die Größe von k bestimmt den Grad der Anonymität. Für die k-Anonymität und deren Erweiterungen existieren viele Algorithmen, welche die identifizierenden Attribute (Identifikatoren) entfernen, wobei die sensiblen Attribute beibehalten werden. Diese Algorithmen unterscheiden sich hinsichtlich der Strategien zur Anonymisierung der Quasi-Identifikatoren sowie des Suchverfahrens nach einer guten Umsetzung der gewählten Strategie. Als Techniken werden häufig die Generalisierung und Löschung angewendet, welche sicherstellen, dass jedes Individuum in Bezug auf den Quasi-Identifikator identisch ist mit mindestens k-1 weiteren. Während die einfacheren Algorithmen sich auf eine Generalisierung auf der Attribut-Ebene in einer Tabellenspalte festlegen, können komplexere Algorithmen die Generalisierung auf der Zell-Ebene umsetzen, wodurch ein geringerer Informationsverlust erreicht wird, allerdings mit einem großen Aufwand verbunden ist. Bei großen Datentabellen und vielen Attributen kann auch die Generalisierung auf der Spalten-Ebene aufwendig werden. Darüber hinaus existieren Algorithmen, welche die Mikroaggregation verwenden. Diese sind nicht nur effizient in der Umsetzung, sondern erhalten mehr Informationen als bei der Generalisierung

---

[45] Vgl. Bender (2015) S. 24.

auf der Attribut-Ebene. Die Algorithmen, wie z. B. aus der Familie von Maximum Distance to Average Vector (MDAV)-Algorithmen, müssen Gruppen von Individuen, welche zusammengefasst werden sollen (optimale Cluster), auffinden können. Nachteilig bei dieser Strategie ist, dass sie lediglich auf Attribute mit einem kontinuierlichen Wertebereich gut anwendbar ist, hingegen schlecht auf kategoriale Attribute.[46]

6.3   Differential Privacy

Das Modell der differentiellen Privatheit (Differential Privacy), welches 2006 von Dwork entwickelt wurde, gilt derzeit als der beste Ansatz zur Anonymisierung von Daten, bei dem auf semantischer Ebene die fließende Informationsmenge beschränkt wird, wodurch sie unabhängig ist vom sonstigen Vorwissen möglicher Angreifer. Differential Privacy gehört zu den zufallsbasierten (rauschbasierten) Verfahren (Randomisierung), wobei einzelne oder alle Attribute durch die Hinzufügung von künstlich erzeugtes, statistisches Rauschen zufällig verändert werden. Dabei kann das Modell als Maßstab zur Beurteilung des Effekts der rauschbasierten Veränderung der Daten herangezogen werden. Rauschbasierte Verfahren sind für die interaktive, statische und dynamische Anonymisierung von Daten einsetzbar. Bei verwandten Anonymisierungsmodellen, wie u. a. der k-Anonymität, insbesondere gegen die Bedrohung der Re-Identifizierung, der l-Diversität und t-Nähe, werden auf syntaktischer Ebene Informationsflüsse beschränkt, wodurch die Möglichkeit besteht, dass Angreifer mit Vorwissen die Anonymisierung aufbrechen können.[47]

Bei dem Konzept der differentiellen Privatheit, welches anonymisierte Datenbankabfragen erlaubt, wird versucht, den Wissenszuwachs, welcher durch einen einzelnen Datensatz erreicht werden kann, zu beschränken. Dabei wird den Basisdaten mithilfe von Algorithmen ein statistisches Rauschen mit einer bekannten Verteilung hinzugefügt, sodass für jeden einzelnen Datensatz nicht mehr erkennbar ist, inwieweit diese Daten verfälscht wurden. Somit können die Ergebnisse der Abfragen zwar noch eine korrekte statistische Aussage ermöglichen, das Aussondern von einzelnen Individuen wird jedoch verhindert. Wie bei den Modellen der l-Diversität und t-Nähe besteht auch hier die Einschränkung, einzigartige Einträge

---

[46] Vgl. Winter/Battis/Halvani (2019) S. 343; Dewes/Steinebach u. a. (2020) S. 11; SIT (2020) S. 81, S. 83 f.

[47] Vgl. Dewes/Steinebach u. a. (2020) S. 8, S. 12 f.; Kneuper (2020) S. 15; SIT (2020) S. 84; Kneuper (2021) S. 156 f.

in der Datenbank entweder zu entfernen oder durch Hinzufügen von Rauschen die
statistischen Aussagen in Bezug auf diese Einträge stark zu verfälschen. Zudem
wird bei diesem Konzept nicht nur die Datenbank betrachtet, sondern es können
auch k Fragen an die Datenbank gestellt werden, wobei Daten zufällig verändert oder nur partiell freigegeben werden, sodass die verwendeten Datensätze zur
Beantwortung der Fragen mit großer Wahrscheinlichkeit nicht identifiziert werden
können. Der Aufwand und Umfang des Verrauschens können sich in der Praxis
wegen der Diversität der Daten für stark heterogene Big Data-Datenbanken als
schwierig erweisen.[48]

Die differentielle Privatheit erfolgt in der Regel durch die Nutzung eines
vertrauenswürdigen Servers oder Treuhänders. Da dies für viele Anwendungen
allerdings nicht ausreicht, wie z. B. für die Auswertung von Client-Anwendungen,
gibt es die sog. lokale differentielle Privatheit (Local Differential Privacy), bei
der das statistische Rauschen nicht der Gesamtheit der auszuwertenden Daten
hinzugefügt wird, sondern den einzelnen Clients.[49] Ein Vorteil des Ansatzes
der differentiellen Privatheit ist, dass die Datenuntergruppen autorisierten Dritten auf eine konkrete Anfrage zur Verfügung gestellt werden können, ohne einen
vollständigen Datenbestand freizugeben. Zur Kontrolle kann der für die Verarbeitung Verantwortliche eine Aufstellung aller Datenbankabfragen aufbewahren,
um sicherzustellen, dass Dritte nicht unberechtigt auf Daten zugreifen können.
Darüber hinaus kann das Abfrageergebnis Anonymisierungstechniken unterzogen
werden, um den Schutz der Privatsphäre zu optimieren. Sofern lediglich Statisti-
ken bereitgestellt und auf die Datenuntergruppe geeignete Regelungen angewandt
werden, ist es anhand der Antworten sehr unwahrscheinlich, eine einzelne Person herauszugreifen. Mithilfe von Mehrfachabfragen sowie durch die Anwendung
von Inferenztechniken besteht allerdings die Möglichkeit, eine Verknüpfung von
in zwei unterschiedlichen Antworten übermittelten Einträgen zu einer bestimmten Person vorzunehmen respektive Informationen über Personen oder Gruppen
abzuleiten. Um eine Verknüpfung mit Hintergrundwissen zu verhindern, gilt es,
möglichst wenige Hinweise zu geben, ob eine bestimmte betroffene Person oder
eine Gruppe betroffener Personen in der Datenuntergruppe erfasst ist. Darüber
hinaus ist es notwendig, die Abfragen eines Nutzers sowie die gewonnenen Informationen über die betroffenen Personen zu erfassen, wobei die Datenbanken nicht
für Open Source-Suchmaschinen bereitgestellt werden sollten, da bei diesen nicht

---

[48] Vgl. Art.-29-Datenschutzgruppe (2014) S. 17 f.; Bender (2015) S. 22; Marnau (2016)
S. 429; Petrlic/Sorge (2017) S. 38 f.; Kneuper (2020) S. 13 ff.; SIT (2020) S. 84; Kneuper
(2021) S. 154 ff.
[49] Vgl. Kneuper (2020) S. 13 f., S. 15; Kneuper (2021) S. 154, S. 156.

nachvollzogen werden kann, welcher Nutzer welche Abfragen gestellt hat. Sofern keine Abfragehistorie erstellt wird, besteht das Risiko, dass ein Angreifer Mehrfachanfragen an die Datenbank stellt und damit den Umfang der ausgegebenen Stichprobe so lange verringert, bis ein bestimmtes Merkmal einer betroffenen Person oder einer Gruppe betroffener Personen eindeutig oder mit einer sehr hohen Wahrscheinlichkeit bestimmt werden kann.[50]

Die Algorithmen der differentiellen Privatheit nutzen die Strategie der zufälligen Verfälschung (Rauschen), wofür unterschiedliche Verfahren existieren. So ist der Laplace-Mechanismus für Frage-Antwort-Systeme geeignet, bei denen nur die aus den Originaldaten gewonnenen Antworten in anonymisierter Form herausgegeben werden sollen, wobei sukzessive der Informationsgehalt von Antworten reduziert wird. Der mit einem hohen Aufwand verbundene Exponential-Mechanismus eignet sich dagegen, um synthetische Tabellen nach dem Vorbild der Originaltabelle zu erzeugen. Bei dem Verfahren „randomisierte Antworten" geben Probanden zufällige oder wahrheitsgemäße Antworten, sodass die Privatsphäre der Probanden bereits bei der Datenerhebung geschützt wird. Nachteilig sind ein deutlicher Informationsverlust und die hochgradige Veränderung der statistischen Eigenschaften der Daten.[51]

6.4 Verfahren der Datensynthese

Bei synthesebasierten Verfahren wird ein statistisches Modell der Ursprungsdaten gebildet, mit dem neue, synthetische Daten generiert werden, welche die Ursprungsdaten möglichst gut nachbilden, ohne einen Personenbezug aufzuweisen. Um die Anonymität der synthetischen Daten zu gewährleisten, werden die Ursprungsdaten oder die synthetischen Daten entweder durch ein anderes Anonymisierungsverfahren geschützt oder bei der Generierung des Synthesemodells, wie z. B. durch GAN (vgl. Abschn. 2.4.2), werden entsprechende Anonymitätsgarantien vorgesehen. Diese Garantien erfolgen z. B. durch Hinzufügen von Rauschen (zufällige Veränderung einzelner Werte) oder durch die Einschränkung der Lernrate des Synthesemodells, sodass nicht zu viele Informationen von einzelnen Datenpunkten des Ursprungsdatensatzes aus diesem Modell extrahiert werden. Bei der Datensynthese ist die Anonymität von Daten schwerer nachzuweisen als bei anderen Anonymisierungsverfahren, da es gilt, die Funktionsweise

---

[50] Vgl. Art.-29-Datenschutzgruppe (2014) S. 18 f.

[51] Vgl. Winter/Battis/Halvani (2019) S. 343 f.; SIT (2020) S. 85 f.; Valkanova (2020) S. 347 f.

des Synthesemodells und des zugehörigen Lernverfahrens, welches die Parameter des Modells anhand der Ursprungsdaten generiert, zu untersuchen. Obwohl keine direkten Beziehungen zwischen einzelnen Datenpunkten der Ursprungsdaten und den synthetischen Daten bestehen, können trotzdem aus der statistischen Verteilung von synthetischen Daten Rückschlüsse auf einzelne Personen gezogen werden, wodurch in Abhängigkeit des Syntheseverfahrens einzelne Personen re-identifiziert werden können, indem auf ihre Präsenz in den Ursprungsdaten geschlossen werden kann und zuverlässige Schätzungen von Attributwerten der Personen möglich sind.[52]

Die Anwendung der synthesebasierten Anonymisierung kann sowohl auf statische als auch auf dynamische Datensätze erfolgen. Während bei der Anwendung auf statische Datensätze ein Synthesemodell generiert wird, mit dem neue Daten synthetisiert werden, wird bei dynamischen Datensätzen das Synthesemodell kontinuierlich an neue Daten angepasst und die Synthese erfolgt ebenfalls kontinuierlich. Der Vorteil bei diesem Verfahren liegt darin, dass Datensätze erzeugt werden, welche die Struktur und das Format der ursprünglichen Daten gut widerspiegeln. Allerdings müssen das Synthesemodell oder die synthetischen Daten zur Bewahrung der Anonymität mit einem geeigneten Anonymitätskriterium beschränkt werden. Bei der Anwendung des Verfahrens der differentiellen Privatheit (Differential Privacy) reduziert sich die Genauigkeit der synthetisierten Daten linear mit der Anzahl der Parameter des Synthesemodells. Dabei erschwert eine große Menge an Attributen in einem Datensatz die Generierung eines realistischen synthetischen Datensatzes, welcher zugleich gute Anonymitätsgarantien bieten soll. Syntheseverfahren können in der Regel lediglich einen kleinen Ausschnitt der Wahrscheinlichkeitsverteilung der Ursprungsdaten erfassen und modellieren, weshalb synthetische Daten zwar auf der Ebene einzelner Attributwerte den Ursprungsdaten ähneln, aber komplexe Attributbeziehungen verlorengehen. Zudem muss das Synthesemodell steuerbar sein, damit nachvollzogen werden kann, welche Eigenschaften der ursprünglichen Daten in den synthetischen Daten erhalten bleiben oder bei der Synthese verlorengehen.[53]

Der Ansatz der Differentially Private Data Synthesis (DIPS) bietet die Möglichkeit, Daten auf der Grundlage realer Datensätze, z. B. mithilfe von Copula-Funktionen oder Generative Adversarial Networks (GAN), unter Einhaltung von Differential Privacy zu synthetisieren (vgl. Abschn. 6.3). Mit dieser Methode erfüllen die simulierten Daten bereits Differential Privacy, womit keine

---

[52] Vgl. Dewes/Steinebach u. a. (2020) S. 8, S. 13 f.
[53] Vgl. Dewes/Steinebach u. a. (2020) S. 14 f.

Rückschlüsse auf die Ursprungsdaten gegenüber traditionellen Datensynthese-verfahren gezogen werden können. Zudem besitzen diese synthetisierten Daten nahezu die gleichen Verteilungseigenschaften wie die zugrunde liegenden Originaldaten und können in beliebiger Anzahl generiert werden, wodurch die Güte eines Machine Learning-Modells verbessert werden kann.[54]

Neben der Anonymisierung von Datensätzen können GAN anonymisierte Datensätze generieren, wobei sie so trainiert werden, dass die personenbezogenen Daten im generierten Datensatz nicht mehr identifiziert, aber Modelle dennoch ähnlich gut damit trainiert werden können, da die zugrunde liegenden statistischen Eigenschaften des ursprünglichen Datensatzes, von dem GAN lernt, auch erhalten bleiben. Die Anonymisierung unter dem Einsatz von GAN kann neben tabellarischen Daten auch für Bilder angewandt werden, wobei die Gesichter oder andere persönliche Merkmale auf dem Bild durch generierte Varianten ersetzt werden können. Damit können mit Computer Vision Modelle mit realistisch aussehenden Daten trainiert werden, ohne den Datenschutz zu verletzen. Allerdings kann die Qualität der Modelle schlechter werden, wenn wesentliche Merkmale eines Bildes, wie z. B. ein Gesicht, verpixelt in den Trainingsprozess einbezogen werden.[55]

6.5 Federated Machine Learning

Beim maschinellen Lernen werden Daten in sog. KI-Modellen trainiert. Für die Entwicklung und das Training von KI-Modellen ist eine große Menge an guten (qualitativ hochwertigen) Trainingsdaten erforderlich, welche allerdings einen Personenbezug aufweisen können und somit der Datenschutz-Grundverordnung (DSGVO) unterliegen, sodass eine Rechtsgrundlage für die Verarbeitung dieser Daten vorliegen muss. Als Lösungen bieten sich die Anonymisierung an, welche allerdings mit einem hohen Aufwand und Informationsverlust einhergehen kann, die Nutzung von synthetischen Daten, welche auf der Basis von personenbezogenen Daten erstellt werden können und somit einer rechtlichen Grundlage unterliegen, und schließlich das Verfahren des Federated Machine Learning (Föderiertes Maschinelles Lernen).[56]

---

[54] Vgl. Battis/Graner u. a. (2020) S. 68.

[55] Vgl. Müller (2020).

[56] Vgl. Huth/Kaulartz (2020) S. 49 ff., S. 51.

Bei einer Datenanonymisierung wird die Datenmenge so verändert, dass kein Personenbezug mehr besteht, wobei diese zugleich einen hohen Informationswert für das maschinelle Lernen oder andere Analysen aufweisen muss. Hierfür muss anhand des Anwendungsfalls und der Datenmenge evaluiert werden, welche Anonymisierungsmethode sich im konkreten Fall am besten eignet. Das Risiko liegt darin, dass Ansätze des maschinellen Lernens verwendet werden können, um aus den anonymisierten Daten wieder einen Personenbezug herzustellen. Auch bei der Generierung von synthetischen Daten und dem Verfahren der Differential Privacy bleiben erhebliche Restrisiken bestehen.[57]

Einen alternativen Ansatz verfolgt das Federated Machine Learning (Föderiertes Maschinelles Lernen), ein Verfahren des maschinellen Lernens, bei dem ein Algorithmus über mehrere dezentralisierte Endgeräte trainiert wird, welche jeweils auf der Basis eigener Trainingsdaten lernen und somit die Berechnungen unmittelbar auf dem jeweiligen Endgerät erfolgen. Dabei werden die Trainingsdaten der KI-Modelle nicht gesammelt, sondern bleiben auf den Endgeräten beim Nutzer, wo sie entstehen, sodass der Algorithmus zu den Daten gebracht wird. Das Trainieren der Daten erfolgt nur in der lokalen Umgebung und produziert ein lokales KI-Modell auf der Basis seiner lokalen Daten. Anstelle eines großen zentralen KI-Modells gibt es somit viele einzelne lokale KI-Modelle, welche im ersten Schritt auf den Endgeräten mit den dort befindlichen Daten trainiert werden. Die Ergebnisse der trainierten lokalen KI-Modelle werden in einem zweiten Schritt zu einem aggregierten Modell an einen Koordinator geschickt und zusammengeführt. Dieses erzeugte globale KI-Modell, welches das implizite Wissen aller lokalen KI-Modelle kombiniert und genauer als jedes lokale KI-Modell sein kann, wird anschließend nach Ende des föderierten Lernens wieder zu den lokalen Datenquellen zurückgespielt, welche mit diesem globalen Modell mit lokalen Daten weiter trainieren und zu einem neuen lokalen Modell verändern. Auch diese neuen lokalen Modelle können wiederum an den Koordinator geschickt werden, welcher sie erneut in ein neues globales Modell aggregiert. Dieses Verfahren kann so oft ausgeführt werden, bis ein globales Modell mit der gewünschten Genauigkeit oder den gewünschten Eigenschaften berechnet wird. Bei diesem Verfahren werden keine personenbezogenen Daten an das globale Modell übermittelt, da bereits trainierte KI-Modelle aus rechtlicher Sicht nicht der Datenschutz-Grundverordnung (DSGVO) unterliegen. Der Ansatz Federated Machine Learning führt aufgrund der Dezentralisierung der Trainingsdaten zu

---

[57] Vgl. Huth (2020a).

einer viel komplexeren künstlichen Intelligenz (KI), was ein sehr hohes Maß an Datenschutz sowie einen größeren Schutz vor potenziellen Angriffen bietet.[58]

In der Regel liegen die für das KI-Modell erforderlichen Daten nicht bereits aggregiert an dem für das Training vorgesehenen Ort vor, sondern werden über verschiedene Quellen, wie z. B. in unterschiedlichen Unternehmensdatenbanken, gespeichert. So kann eine Aggregation dieser Daten nicht nur technisch aufwendig und kostenintensiv sein, sondern den Regeln der DSGVO widersprechen, indem eine zentrale Sammlung sensibler oder personenbezogener Daten durch Unternehmen mit enormen Risiken durch den unbefugten Zugriff auf diese Daten oder durch unbefugte Weiterverarbeitung behaftet ist.[59] Beim Föderierten Maschinellen Lernen wird mit den Trainingsrohdaten gearbeitet, ohne diese vorher anonymisieren zu müssen, weil das Training lokal durchgeführt wird und nur die KI-Modelle, welche nicht personenbezogen sind, zum Koordinator (Verantwortlichen), nicht aber die Trainingsdaten übertragen werden. Insofern muss im Gegensatz zum Verfahren der synthetischen Daten kein Datensilo geschaffen werden.[60]

6.6 Semantische Anonymisierung

Die semantische Anonymisierung ist ein Ansatz, mit dem sensible Daten auf der Basis eines semantischen KI-basierten Systems mit aktiven Ontologien und Inferencing so verändert werden können, dass eine datenschutzkonforme Analyse personenbezogener Daten möglich ist und im Gegensatz zu bisherigen Methoden weitgehend die Aussagekraft der Rohdaten erhalten bleibt. Dabei können weder die ursprünglichen Personen identifiziert werden noch ist eine personenbezogene Rückverfolgung über Quasi-Identifikatoren möglich.[61] Konventionelle Ontologien bestehen aus Komponenten, wozu Klassen, Relationen und Regeln zur Beschreibung der Konzeptualisierung gehören, sowie aus Instanzen, welche individuelle Elemente der Domäne bezeichnen und interpretieren, wodurch sie eine Abbildung von Daten und deren Zusammenhänge, wie z. B. eine Struktur in Klassen, Unterklassen, Attributen und Relationen, ermöglichen. Häufig

---

[58] Vgl. Gausling (2020) S. 21; Huth (2020a); Huth (2020b) S. 39 ff.; Huth/Kaulartz (2020) S. 43.

[59] Vgl. Huth/Kaulartz (2020) S. 42.

[60] Vgl. Huth/Kaulartz (2020) S. 51 f.

[61] Vgl. Geiger/Rapp/Sampath (2020) S. 82.

werden sie als Graphen dargestellt und unterstützen die Kommunikation zwischen Personen, welche in einer Anwendungsdomäne zusammenarbeiten, sind interoperabel zwischen Computersystemen und flexibler als relationale Datenbanken.[62] Unter aktiven Ontologien werden Ausführungsumgebungen (Semantic Runtime Environments) verstanden, welche eine Programmierung mit Funktionen für logisch-funktionale Zusammenhänge verwenden. Sie sind in der Lage, aktive Aktionen auszuführen, wie z. B. Datentransformationen, und beinhalten nicht nur abstrahiertes Wissen und die dazugehörigen Instanzen (die eigentlichen Daten), sondern die Inhalte der Ontologie (Klassen, Instanzen, Eigenschaften und Relationen) lassen sich dynamisch verändern. Hier setzt die semantische Anonymisierung an, indem sich adaptiv Daten aus der Ontologie zur Anonymisierung verändern lassen, wobei die anonymisierten Daten eine größtmögliche Ähnlichkeit mit den Echtdaten haben. Als Ausführungsumgebung (Semantic Runtime Environment) wird das Programm OntoBroker (Semantic Web Standard) von semafora systems eingesetzt. Die Stärken des Systems liegen vor allem in der Prozessierung der funktionalen Aspekte der Ontologien, wobei die Architektur und der Datendurchsatz so ausgelegt sind, dass große Datenmengen performant (leistungsfähig) verarbeitet werden können. In Verbindung mit aktiven Ontologien und der Logik höherer Stufe (Higher Order Logic, HOL) sowie besonderen Werkzeugen und Bibliotheken für die Vor- und Aufbereitung der Daten zum Import in den OntoBroker und die Analyse von Daten kann die semantische Anonymisierung in der Industrie umgesetzt werden.[63]

Zunächst werden bei diesem Anonymisierungsverfahren im Rahmen der Vorbereitung der Nutzungszweck, die Analyseziele sowie die für die Analysen relevanten Parameter definiert. Im Rahmen der Planung werden die IT- und Datensicherheit eingestuft sowie die hierfür erforderlichen Maßnahmen festgelegt, wobei auch eine Klassifizierung einzelner Attribute bzw. Datenelemente vorgenommen werden kann, welche z. B. für die regulatorischen Datenschutzvorgaben relevant sind. Im zweiten Schritt der statistischen Analyse der Rohdaten können in Abhängigkeit des Nutzungszwecks und der Analyseziele sowie der Art der Daten (Datenkategorie) gruppenbezogene Verhältnisse und Muster in den Rohdaten durch verschiedene deskriptive und analytische statistische Methoden berechnet werden. Im Gegensatz zur Methode des Differential Privacy, wo Analyseergebnisse mit fast gleicher Wahrscheinlichkeit erzielt werden, ermöglicht die semantische Anonymisierung nicht nur statistisch valide Aussagen über eine gesamte Datenpopulation, sondern auch über bestimmbare Teilmengen in

---

[62] Vgl. Dengel (2012) S. 64 ff.; Geiger/Rapp/Sampath (2020) S. 82.
[63] Vgl. Geiger/Rapp/Sampath (2020) S. 82 f.

Abhängigkeit der Analysezwecke. In diesem Kontext ist bezüglich der verwendeten Rohdaten gemäß der DSGVO das Recht auf Löschung zu gewährleisten. Im dritten Schritt der Transformation der Daten werden die Transformationsregeln und aktiven Ontologien, mit denen die Daten anonymisiert werden, erstellt, wobei der Datenbestand in einzelne Datenpools aufgeteilt wird, um sie bezüglich des logisch-funktionalen Zusammenhangs unterschiedlich behandeln zu können. Dabei ermöglicht die Aufteilung in Datenpools (Gruppen) eine getrennte Verarbeitung der Variablen (semantische Mikroaggregation), wodurch die Abweichungen zwischen Rohdaten und anonymisierten Daten sehr gering sind. Im Gegensatz zum Ansatz des Differential Privacy werden die Daten nicht zufällig verändert (Rauschen), sondern stattdessen auf der Basis der im zweiten Schritt erzeugten Verteilungseigenschaften zwischen den Datensubjekten innerhalb der zu spezifizierenden Datenpools (Gruppen). Aufgrund der gebildeten großen Datenpools wird ein individueller Personenbezug vermieden. Dies gilt auch für zeitliche oder produktbezogene Parameter sowie sozio-ökonomische Dimensionen, wie z. B. Berufs- oder Einkommensgruppen. Im vierten Schritt der Datenverarbeitung und der Generierung der anonymisierten Daten werden die Transformationsfunktionen und Regeln über MS Excel-Templates erstellt, welche in die Inferenzmaschine (Inference Engine) importiert und automatisch in die Transformationsontologie gewandelt werden. Anschließend werden der Datenbestand mit den Echtdaten in die Inferenzmaschine importiert, die Daten transformiert und als anonymisierter Datenbestand zum Export in die Analyseumgebung bereitgestellt. Im fünften Schritt der Datenanalyse können die anonymisierten Daten durch eine Vielzahl zur Verfügung stehender Modelle und Algorithmen sowie durch verschiedene statistische Verfahren analysiert werden. Neben der Abrufung von Operatoren und Algorithmen aus einer Bibliothek können zudem weitere Operatoren und Algorithmen erstellt respektive in das System importiert werden. Im sechsten und letzten Schritt der auditfähigen Dokumentation finden interne und externe Audits statt, welche durch die auditfähige Dokumentation der semantischen Anonymisierung unterstützt werden. So ist eine Rechtmäßigkeit der Verarbeitung gemäß der DSGVO bezüglich des Trainings, der Nutzung und der Lebensdauer der verwendeten Ontologien sowie der Rohdaten sicherzustellen und zu dokumentieren. Darüber hinaus ist sicherzustellen, dass eine Identifizierung von individuellen Personen auch in Kombination mit anderen Parametern, wie z. B. Beruf oder Wohnort (Quasi-Identifikatoren), nicht möglich ist. Dies lässt sich im Rahmen der semantischen Anonymisierung dadurch erreichen, dass diese Ausprägungen im Rahmen der vorher zu bestimmenden

Gruppeninhalte semantisch transformiert und innerhalb der Datenpools zufäl-lig gesetzt werden. Schließlich werden statistische Anonymitätskennzahlen, wie k-Anonymität, l-Diversität und t-Nähe, errechnet und dokumentiert.[64]

Die Qualität einer Anonymisierung lässt sich daran messen, inwieweit das Analysepotenzial eines Datenbestandes (Datenqualität) durch die Datenverän-derung der Anonymisierung möglichst weitgehend erhalten und zugleich das Identifizierungsrisiko von Personen niedrig bleibt. Bei der semantischen Anony-misierung wird dies technisch dadurch erreicht, dass im zweiten Schritt der Analyse die Rohdaten (Echtdaten) bezüglich der Bedeutung (Semantik) und statistischen Verteilungseigenschaften sowie der Muster zwischen verschiede-nen Datenpunkten analysiert werden. In Abhängigkeit der Analyseziele werden anschließend Datenpools gebildet, für die unter dem Einsatz von aktiven Ontolo-gien Transformationsfunktionen erstellt werden. Die Güte der analysierten Daten wird durch einen Vergleich mit den im zweiten Schritt errechneten Kennzahlen gemessen. Schließlich wird mit der Dokumentation und auditfähigen Beweisfüh-rung belegt, dass die Daten datenschutzkonform für industrielle Analyse- bzw. Testzwecke verarbeitet und somit statistische Angriffe verhindert werden. Zudem beinhaltet die semantische Anonymisierung als neue KI-Methode Tests, mit denen belegt werden kann, dass eine personenbezogene Rückverfolgbarkeit der Daten nicht möglich ist.[65]

---

[64] Vgl. Geiger/Rapp/Sampath (2020) S. 84 ff.
[65] Vgl. Geiger/Rapp/Sampath (2020) S. 88 f.

Anonymisierung unstrukturierter Daten

7

Da bei strukturierten Daten jedes Attribut nur Werte aus einer sehr begrenzten Menge annehmen kann, ist aufgrund des Wissens über die möglichen Werte eine systematische Anonymisierung nach den vorgestellten Techniken und Verfahren möglich (vgl. Kap. 6). Bei semistrukturierten Daten können einzelne Attribute eines Datensatzes einen beliebig langen natürlichsprachlichen Freitext enthalten. Darüber hinaus können Daten in Form von Textdokumenten vorliegen, welche zwischen der Metadatenebene, der Inhaltsebene und der Schreibstilebene unterschieden werden, wobei alle Ebenen Personenbezüge enthalten können.[1] In Abhängigkeit der verschiedenen Ebenen kann eine geeignete Anonymisierungstechnik angewandt werden (vgl. Abschn. 7.1). Zu den unstrukturierten Daten gehören neben Textdaten auch Multimediadaten, wie Bilder und Videos (vgl. Abschn. 3.2), welche zur Anonymisierung technische Lösungen bezüglich der Bildveränderung erfordern, da es sich um die Unkenntlichmachung von dargestellten Personen handelt (vgl. Abschn. 7.2).

7.1 Textdaten

Die Techniken und Verfahren zur Anonymisierung von strukturierten Daten lassen sich nicht unmittelbar auf unstrukturierte und semistrukturierte Daten anwenden, da dies einen hohen Informationsverlust zur Folge hätte. Im Rahmen der Anonymisierung von natürlichsprachlichen Freitexten lassen sich primär drei Möglichkeiten unterscheiden. So kann eine Möglichkeit sein, im Voraus durch technisch-organisatorische Maßnahmen sicherzustellen, dass Freitexte, wie z. B.

---

[1] Vgl. Winter/Battis/Halvani (2019) S. 344; Dewes/Steinebach u. a. (2020) S. 20; SIT (2020) S. 87.

radiologische Berichte und Diagnosen, keine identifizierenden Begriffe enthalten, welche Personen offenbaren können. Die zweite Möglichkeit besteht in der nachträglichen Maskierung von identifizierenden Merkmalen, welche manuell oder durch Analyseverfahren erfolgen kann. Der Einsatz der unterschiedlichen Verfahren hängt von der Ebene des Textdokumentes ab. Eine dritte Möglichkeit kann eine Strukturierung der Freitexte durch den Einsatz von Natural Language Processing (NLP) sein. Ähnlich wie bei der Analyse unstrukturierter Daten werden bei der Anonymisierung von (unstrukturierten) Textdaten diese zunächst strukturiert, sodass anschließend auf diesen strukturierten Daten herkömmliche Methoden zur Anonymisierung angewandt werden können. Dabei muss wie bei strukturierten Daten in Abhängigkeit der Art der zu anonymisierenden Daten, des geplanten Verwendungszwecks der Daten sowie der technischen und organisatorischen Rahmenbedingungen der Datennutzung ein adäquates Anonymisierungsverfahren ausgewählt werden. Natural Language Processing beinhaltet zur Strukturierung von Daten spezifische Tools, um z. B. den Kontext, temporale oder quantitative Angaben zu erkennen. Als Anonymisierungstechniken werden u. a. die Generalisierung, die Verfälschung (Rauschen) (vgl. Abschn. 6.1) oder die synthetische Generierung von Daten (vgl. Abschn. 6.4) verwendet.[2]

7.1.1 Anonymisierung von Textdaten auf Metadatenebene

Bei der Metadatenebene handelt es sich um eine vom Text entkoppelte Ebene, welche Zusatzinformationen zu einem Dokument beinhaltet. Diese liegt lediglich bei bestimmten Dokumentformaten vor, wie z. B. bei einer pdf-Datei oder einem Word-Dokument, welche Felder mit semantischen Informationen, wie z. B. Autoren, Titel, Schlüsselwörter und Erstellungsdatum, enthalten. Eine reine Textdatei enthält keine Metadatenebene. Allerdings können Metadaten im umgebenden System vorhanden sein, in dem die Textdatei gespeichert ist, wie z. B. ein Dateisystem oder eine E-Mail. Darin liegt die Gefahr, dass sie nicht bemerkt werden, sodass ungewollt persönliche Informationen preisgegeben werden können. Um eine Anonymisierung der Metadatenebene durchzuführen, werden die Metadaten entweder nicht erstellt oder nachträglich entfernt, wobei der Inhalt des Dokuments jeweils unversehrt bleibt, da sie von dem eigentlichen Text (Inhaltsebene) entkoppelt sind.[3]

---

[2] Vgl. Dewes/Steinebach u. a. (2020) S. 20 f.; Kämpgen/Swarat (2020) S. 75 ff.
[3] Vgl. Winter/Battis/Halvani (2019) S. 344 f.; SIT (2020) S. 87; Valkanova (2020) S. 349.

7.1.2 Anonymisierung von Textdaten auf Inhaltsebene

Während die Metadatenebene Zusatzinformationen zu einem Dokument beinhaltet, trägt die (zentrale) Inhaltsebene die eigentliche Information, wobei es sich um Entitäten, wie z. B. Personennamen, Bezeichnungen von Firmen oder geografische Orte, handelt, mit denen die Identität des Autors oder die von Dritten identifiziert werden kann. So können manuell, z. B. durch einen pdf-Editor mit Schwärzungsfunktion, oder bei umfangreichen Texten durch Analyseverfahren, welche sog. Entitäten erkennen, entsprechende Merkmale extrahiert und entfernt oder durch Platzhalter ersetzt werden. Dabei können Freitextdaten identifizierende Merkmale enthalten, welche nicht durch eine einfache Anonymisierung der Merkmale unkenntlich gemacht werden können, sondern die identifizierenden Merkmale müssen auch in Kombination mit anderen Merkmalen zunächst gefunden werden, was aufgrund verschiedener Schreibweisen schwierig sein kann. Inhaltsdaten können im Gegensatz zu Metadaten nicht mit einfachen Mitteln entfernt werden, sofern sie nicht unabhängig vom Text sind, ohne dabei die Semantik des Dokuments zu verändern. Im Rahmen der Anonymisierung von Texten müssen zunächst die Verweise auf Identitäten mithilfe computerlinguistischer Verfahren, wie Eigennamenerkennung, identifiziert werden, sodass sie anschließend mit verschiedenen Techniken anonymisiert werden können, wobei eine hundertprozentige Erkennung aller Verweise nicht möglich ist und somit ein Restrisiko verbleibt. So kann die Anonymisierung entsprechender Textstellen über eine Pseudonymisierung mittels partieller Verschlüsselung erfolgen, welche vor allem auf Audiodaten, Bildern und Videos eingesetzt wird, wobei die Verweise auf Identitäten mit einem geheimen Schlüssel (k) verschlüsselt werden, woraus ein modifiziertes Dokument (D') entsteht, dass nur von autorisierten Personen, die den Schlüssel besitzen, entschlüsselt und vollständig gelesen werden kann. Das Dokument ist anonymisiert, wenn sichergestellt ist, dass nach der Pseudonymisierung niemand mehr den Schlüssel (k) hat. Als nachteilig erweist sich bei diesem Verfahren, dass der Lesefluss durch die verschlüsselten Elemente gestört wird und somit den Nutzen des anonymisierten Dokuments reduziert.[4]

Eine weitere Möglichkeit der Anonymisierung von Textdaten auf Inhaltsebene ist die Paraphrasierung der Verweise auf Identitäten, womit eine Anonymisierung erreicht werden kann, ohne die Semantik vollständig zu verändern. Wie bei der partiellen Verschlüsselung entsteht zwar ebenfalls ein Informationsverlust,

---

[4] Vgl. Winter/Battis/Halvani (2019) S. 345; Dewes/Steinebach u. a. (2020) S. 20 f.; Kämpgen/Swarat (2020) S. 75; SIT (2020) S. 87 f.; Valkanova (2020) S. 349 f.

allerdings bleibt das modifizierte Dokument vollständig lesbar. Bei diesem Verfahren werden die identifizierten Entitäten durch generischere Angaben ersetzt. Als Quelle für die Entitäten werden vorhandene linguistische Ressourcen, wie z. B. Ontologien oder lexikalische Wortnetze, genutzt. Da die Ersetzungen meist manuell erstellt werden müssen, ist dies allerdings mit einem hohen Aufwand verbunden, zumal aufgrund der temporalen Veränderung von Sprachen möglicherweise keine passenden Ersetzungen in einer Wortliste existieren. Neben manuell erstellten linguistischen Ressourcen können Ansätze basierend auf sog. Word Embeddings (Wortvektoren) eingesetzt werden, womit sich ohne den Einsatz gelabelter Daten hinsichtlich einer Entität x semantisch ähnliche Entitäten finden, welche eine Ersetzung erlauben, sofern genügend ungelabelte (nicht anonyme) Textdaten zur Verfügung stehen, welche Informationen über die Entität x enthalten. Als nachteilig erweist sich dabei, dass die Entitäten nicht in einer festgelegten Relation wie bei einer Synonymie zueinanderstehen, sondern sich über mehrere Relationen erstrecken können (z. B. Hyperonymie, Hyponymie, Meronymie oder Holonymie). Als mögliche Option wurde das sog. Sense Embeddings entwickelt, mit dem sich alternativ ähnliche Wörter hinsichtlich ihrer semantischen Relation eingrenzen lassen, sodass für die Entität x z. B. nur Hyperonyme bestimmt werden können, welche eine Anonymisierung garantieren. Als weitere Strategie zur Anonymisierung von Textdaten auf Inhaltsebene gilt eine Paraphrasierung, welche auf Koreferenzen basiert, die in einem Text Verweise auf eine zuvor bereits aufgetretene Entität darstellen. Die Paraphrasierung kann über Wiederholungen der Bezeichnung der Entität, über Pronomen oder über Umschreibungen erfolgen. Bei dieser Form der Anonymisierung gilt es, nach der Erkennung von Entitäten die Koreferenzen zu identifizieren und anschließend identifizierte Bezeichnungen durch generischere Angaben zu ersetzen, welche aus Koreferenzen gewonnen werden. Diese Art von Paraphrasierung befindet sich allerdings noch in der Entwicklungsphase.[5]

7.1.3 Anonymisierung von Textdaten auf Schreibstilebene

Die Schreibstilebene ist in die Inhaltsebene eingebettet, wobei sich diese nicht einfach von dieser entkoppeln lässt. So kann die Identität einer Person auch über deren Schreibstil bestimmt werden. In diesem Umfeld hat sich die digitale Textforensik als Forschungsfeld etabliert, welches die Authentizität von Texten untersucht, wobei insbesondere die Analyse der Autorschaft im Fokus der

---

[5] Vgl. Winter/Battis/Halvani (2019) S. 345 f.; SIT (2020) S. 88 f.; Valkanova (2020) S. 350.

Betrachtung steht, mit dem Ziel, Informationen über die Autoren digitaler Dokumente zu offenbaren. Im Rahmen der Autorenschaftsanalyse werden u. a. die Autorschaftsattribution und die Autorschaftsverifikation angewandt, mit denen sich die Anonymität beliebiger Personen demaskieren lässt. Während bei der Autorschaftsattribution für ein Dokument mit unbekannter Autorschaft und einer Menge von potenziellen Kandidaten der wahrscheinlichste Autor zu identifizieren ist, gilt es bei der Autorschaftsverifikation sich bei einem Dokument sowie einer Referenzmenge von Texten nur eines bekannten Autors zu entscheiden, ob dieses von dem bekannten Autor verfasst wurde. Neben inhaltlichen Aussagen zu Personen, wie z. B. Patientenname, Anschrift und Geburtsdatum, können auch Merkmale enthalten sein, welche den Autor eines Textes identifizieren und neben dem Textinhalt ebenso anonym gehalten werden sollen. In einem ersten Schritt können offensichtliche Angaben des Autors, wie Titelei von Dokumenten oder Grußformeln, oder der Patientenname sowie Zusatzinformationen (Metadaten) identifiziert und entfernt werden. Die Erkennung eines Schreibstils, ohne explizite Benennung des Autors, kann durch Vorliegen von Referenztexten erkannt werden, wofür es in der Linguistik entsprechende Analysemethoden zur Bestimmung bzw. Überprüfung von Autorschaften gibt, welche eine Genauigkeit von 80 % liefern. Auch gibt es Verfahren, um spezifische Informationen, wie u. a. Eigennamen, Orte oder E-Mail-Adressen, automatisch zu erkennen, allerdings keine Software, welche zu 100 % zuverlässig Freitexte anonymisieren kann, sodass dies zusätzlich manuell erfolgen muss. Daneben werden Methoden zur Verschleierung der Autorschaft erforscht, wie u. a. Ersetzungen bestimmter Wörter, Paraphrasierung, Umsortierung von Satzteilen oder Hin- und Rückübersetzungen, allerdings ist eine zuverlässig automatisierte Verschleierung noch nicht möglich, ohne Gefahr zu laufen, den Text dabei inhaltlich zu verändern. Hieraus entstand das Forschungsfeld Author Obfuscation, das die Verschleierung des Schreibstils in Dokumenten und damit die Anonymisierung der Identität der Autoren behandelt, wobei sowohl manuelle als auch computerassistierte und automatische Verfahren existieren. Dabei muss die automatische Author Obfuscation auf Sprachkompetenzen zurückgreifen, um anonymisierende Transformationen in den Dokumenten vornehmen zu können und zugleich die ursprüngliche Semantik beizubehalten. In diesem Kontext ist vor allem der Ansatz Adversarial Author Attribute Anonymity Neural Translation (A^4NT) zu erwähnen, der als einziges Verfahren mit einer dedizierten Komponente für die Semantikerhaltung gilt. Im Vergleich zu einer maschinellen Übersetzung wird das Dokument in dieselbe Sprache wie die Quellsprache, allerdings in einer identitätsverschleiernden Form, „übersetzt", sodass der Schreibstil des ursprünglichen Autors nicht mehr erkannt werden kann. Hierfür verwendet das Verfahren mehrere neuronale Netze und

der Kern bildet ein sog. GAN-Netzwerk (vgl. Abschn. 2.4.2), bestehend aus
einem Klassifikator und einem Generator. Während der Klassifikator zwischen
zwei oder mehr Klassen, wie z. B. verschiedene Autoren, unterscheiden muss,
versucht der Generator, den Klassifikator zu täuschen, allerdings ohne die Semantik des Originaltextes zu verändern. Im Rahmen einer Testung des Verfahrens
wurde die Erkennungsgenauigkeit spezifischer Attribute des Autors bezüglich
Alter, Geschlecht und Identität untersucht, mit dem Ergebnis, dass eine (bei
Alter und Identität) mehr oder (beim Geschlecht) weniger zuverlässige Imita-
tion der jeweiligen Gegenklasse gelungen und somit die Anonymisierung auf der
Schreibstilebene möglich ist.[6]

7.2 Multimediadaten

Zu den Personenbezügen in Bildern, Videos und Audiodaten, welche von
(menschlichen) Beobachtern direkt wahrgenommen werden können, gehören
offensichtliche Merkmale, wie z. B. Gesichter, Sprachcharakteristika oder Spra-
chinhalte,[7] sowie textuelle Informationen, wie z. B. Autokennzeichen und
Namensschilder. Auch weniger offensichtliche Merkmale, wie z. B. Körper-
proportionen oder die Gangart, zählen zu personenbezogenen Daten. Neben
menschlichen Beobachtern können einige der genannten Merkmale auch unter
dem Einsatz biometrischer Verfahren identifiziert werden. Zudem können durch
Algorithmen und forensische Analysen Merkmale ermittelt werden, wie z. B.
charakteristische Rauschspuren von Kameras oder eindeutige Aufnahmeprofile
von Mikrofonen, welche es ermöglichen, Gerätetypen oder Geräte zu erkennen,
woraus auf deren Benutzer geschlossen werden kann. Eine Anonymisierung von
Multimediadaten liegt somit erst dann vor, wenn aus diesen Daten sowohl durch
einen Beobachter als auch durch biometrische oder andere technische Verfahren
kein Personenbezug mehr hergestellt werden kann.[8]

In der Praxis werden zur Anonymisierung (Unkenntlichmachung) von Bild-
und Videomaterial Verfahren der Vergröberung, welche durch ein starkes Verpixeln oder Verrauschen des Gesichtsfeldes erreicht werden kann, oder Verfahren

---

[6] Vgl. Winter/Battis/Halvani (2019) S. 346 f.; Dewes/Steinebach u. a. (2020) S. 21; Kämp-
gen/Swarat (2020) S. 75; SIT (2020) S. 89; Valkanova (2020) S. 350 f.

[7] Beim Sprachmaterial kommen u. a. das Entfernen bzw. Filtern von Sprache, das Ver-
fremden der Stimme, Voice Conversion oder die Sprachsynthese zum Einsatz, vgl.
Dewes/Steinebach u. a. (2020) S. 22. Auf die Unkenntlichmachung der Sprache wird
in der vorliegenden Studie nicht näher eingegangen.

[8] Vgl. Dewes/Steinebach u. a. (2020) S. 22.

der Substitution, wie z. B. durch das Einblenden eines schwarzen Balkens über dem Gesicht, eingesetzt. Dabei ist die Bildveränderung der am meisten verwendete Ansatz, um die Privatsphäre betroffener Personen in Bild- und Videodaten zu schützen, wobei zwischen objektorientierten und globalen Methoden unterschieden werden kann. Während die objektorientierten Methoden lediglich auf der Identifikation bestimmter Bildbereiche, wie z. B. das Gesicht, basieren, betreffen die globalen Methoden das gesamte Bild. Bei dem Verfahren der Bildveränderung wird direkt auf dem Bild oder Videostrom aufgesetzt, wobei die Bildveränderung entweder direkt in der Videokamera oder die Bildbearbeitung separat im Hauptsystem erfolgt. Zu den gängigen Bildbearbeitungsmethoden gehören das Cutting-Out (Blanking), die Mosaik-Anonymisierung (Verpixelung), die Kantenfilterung, das Verrauschen (Verwischen/Blurring) von Bildern, der Einsatz von Avataren sowie die Bildveränderung einzelner Merkmale, welche zur Identifikation einer Person oder des gesamten Bildes führen. Bei dem Verfahren Region of Interest Cutting-Out respektive Blanking wird ein bestimmter Bereich des Bildes herausgeschnitten, sodass ein schwarzer Bereich an dessen Stelle tritt. Damit kann zwar die Identifikation der dargestellten Person erschwert werden, allerdings bleibt der Hintergrund erhalten und lässt mögliche Identifizierungen der betroffenen Person, z. B. hinsichtlich des Aufenthaltsortes oder Verhaltens, zu. Als Erweiterung der Unkenntlichmachung können die herausgeschnittenen Bildbereiche dem Hintergrund angepasst werden. Oftmals werden bestimmte Bildbereiche mithilfe geometrischer Formen (Quader, Ellipse, Kreis, Quadrat, Rechteck, Raute) unkenntlich gemacht, um die dahinterliegenden Details zu schützen. Bei der Mosaik-Anonymisierung respektive Verpixelung wird der zu verändernde Bildausschnitt in Form eines Mosaikbildes ersetzt, womit der Detailgrad im Bild und damit die Informationsdichte eines Bildausschnittes reduziert werden und die betroffene Person nicht mehr unmittelbar identifiziert werden kann. Bei diesem Verfahren wird der ausgewählte Bildausschnitt in einzelne kleine Blöcke aufgeteilt, für welche der Mittelwert der einzelnen Bildpunkte errechnet wird, um anschließend den gesamten Block mit diesem Mittelwert auszufüllen. Die Verwendung eines Kantenfilters verändert das Bild insofern, als nur noch Kanten bzw. Umrisse der ursprünglichen Aufnahme zu erkennen sind. Eine weitere Möglichkeit der Anonymisierung von Personen auf Bild- und Videomaterial ist das Verrauschen/Verwischen (Blurring) von einzelnen Bildpunkten, was z. B. durch den Einsatz eines Gauß-Filters umgesetzt werden kann, sodass die Person auf dem Bild nur als schwacher Umriss in Form eines Geistes zu erkennen ist. Die Einstellung des Filters bestimmt die Veränderung der ausgewählten Bildbereiche.[9]

---

[9] Vgl. Bretthauer (2017) S. 62 ff., S. 87; Dewes/Steinebach u. a. (2020) S. 22.

Beim Einsatz von Avataren zur Unkenntlichmachung von abgebildeten Personen werden diese in Bild- und Videoaufnahmen durch digitale Modelle ersetzt, womit das Verhalten und die Gesten erkennbar bleiben, aber eine Identifikation der Person nicht mehr möglich ist. Bei einem vergleichbaren Mechanismus werden die Personen unkenntlich gemacht und deren Umrisse mit einer Signalfarbe hinterlegt, wofür das Originalvideo in einen Hintergrundstrom und in einen oder mehrere Objektvideoströme aufgespalten wird, mit denen die dargestellten Personen unterschiedlich farblich dargestellt werden können. Bei einem weiteren Ansatz werden automatisch Personen per Gesichtserkennung identifiziert und deren Erscheinungsbild verändert, indem von den dargestellten Personen lediglich ein Umriss angezeigt wird und diese somit unsichtbar gemacht werden. Mithilfe von Avataren kann einerseits das Verhalten von Personen real abgebildet werden, andererseits eine Identifizierung der Personen erschwert bis fast unmöglich gemacht werden. Neben der Veränderung einzelner Bildbereiche kann auch das gesamte Bild durch Verrauschen oder Entfernen von Personen oder Informationen im Bild verändert werden, sodass die dargestellten Personen nicht mehr anhand des äußerlichen Erscheinungsbildes oder indirekter Merkmale durch die Umgebung des Bildes erkennbar sind. Bei den dargestellten Verfahren der Bildveränderung werden die von der Kamera aufgenommenen und übertragenen Bilder verändert, um eine Identifikation der betroffenen Personen zu erschweren. Um auch das Verhalten der Personen unkenntlich machen zu können, müssen Methoden verwendet werden, welche das gesamte Bild verändern.[10]

Ein anderer technischer Ansatz neben der unmittelbaren Bildveränderung bietet die Übersichtskarte eines überwachten Bereichs auf Videobildern, auf der die überwachten Personen als Symbole dargestellt werden und lediglich bei einer Alarmsituation auf dem Bildschirm ein teilanonymisiertes Bild oder ein Klarbild angezeigt wird. Dabei kann neben der Übersichtskarte ein Videostrom angezeigt werden, welcher auch mit Mechanismen der Bildveränderung kombiniert werden kann. Bei der Verwendung eines mehrstufigen Videoüberwachungssystems werden die technischen Mechanismen der Bildveränderung und der Anzeige einer Übersichtskarte kombiniert sowie ergänzend unterschiedliche Zugriffsstufen in das Überwachungssystem eingebaut, sodass verschiedene Personen einen unterschiedlichen Zugriff auf das Bildmaterial haben. In Abhängigkeit der Zugriffsberechtigung werden die Videodaten in verschiedenen Detailgraden (Bildveränderungen) dargestellt und herausgegeben. Daneben kann kontrolliert werden, wie die angefallenen Daten verwendet, nicht weiter übertragen oder

---

[10] Vgl. Bretthauer (2017) S. 68 ff., S. 87.

nach einer bestimmten Zeitspanne gelöscht werden. Dieses technische Verfahren kann als „Datentreuhänder" fungieren, da die Bilddaten in unterschiedlichen Detailgraden zur Verfügung gestellt werden, welcher als vertrauenswürdiger Vermittler zwischen dem von der Videoüberwachung Betroffenen und dem für die Videoüberwachung Verantwortlichen steht und somit dem Schutz der Privatsphäre der Überwachten dient. Während die meisten Lösungsansätze auf Algorithmen basieren, beruht ein anderer Ansatz auf der Basis von RFID(Radio Frequency Identification)-Sensoren, welche der automatischen und verbindungslosen Identifizierung von Gegenständen mittels Funktechnik dienen. Die Betroffenen müssen sich zuvor mithilfe des RFID-Chips registrieren, sodass sie als registrierte Nutzer aus dem Videoüberwachungsbild ausgeblendet werden.[11]

Die dargestellten Techniken werden allerdings oft nicht mit ausreichender Stärke eingesetzt, wie z. B. bei Aufnahmen in Google Maps zu erkennen ist, zumal dort im Kontext des Umfeldes leicht ein Bezug zu dargestellten Personen oder Autokennzeichen hergestellt werden kann, sei es von Personen mit entsprechendem beruflichem Hintergrund oder sei es durch enge Vertraute der betroffenen Personen. Zudem kann durch den Einsatz biometrischer Algorithmen eine Erkennung ermöglicht werden und durch die Weiterentwicklung der künstlichen Intelligenz (maschinelles Lernen) wird eine zukünftige Erkennbarkeit noch leichter möglich sein, was bei der Bewertung der Stärke der Anonymisierung einzukalkulieren ist. Auch ist es möglich, dass die Originalmedien an anderer Stelle im Internet veröffentlicht werden, wodurch über eine inverse Bildersuche ein anonymisiertes Bild mit dem Originalmedium verknüpft und somit de-anonymisiert werden kann. In diesem Fall ist eine tatsächliche Anonymisierung der personenbezogenen Daten nicht gegeben, welche entsprechend weder weitergegeben noch veröffentlicht werden dürfen.[12]

Im Umfeld von Bild- und Videodaten hat der Automobilhersteller BMW eine Anonymisierungslösung auf der Basis der künstlichen Intelligenz (KI) nicht nur zur Objekterkennung in der Produktion entwickelt, welche sich durch eine hohe Robustheit auszeichnet, die auch unter stark variierenden Randbedingungen Stand hält und somit zur Sicherung der Qualität beiträgt, sondern auch zur Anonymisierung von Objekten und Personen auf Fotos und Videos. Der Einsatz von künstlicher Intelligenz (KI) ermöglicht dabei eine automatische Zuordnung von Bildbereichen zu Merkmalen, sodass beliebige Bereiche ausgeblendet werden können, welche z. B. bei der Verarbeitung von Fotos aus der Produktion

---

[11] Vgl. Bretthauer (2017) S. 77 ff., S. 87 f.

[12] Vgl. Dewes/Steinebach u. a. (2020) S. 22 f.

des Automobilherstellers durch Verwischen, Schwärzen oder Verpixeln unkenntlich gemacht werden müssen, wie z. B. Bereiche, welche Personen enthalten.
Dabei wird auf der Basis des unternehmenseigenen Labeling Tool Lite durch die
Veröffentlichung der Algorithmen der gezielte Schutz relevanter Informationen
ermöglicht, indem Anwender Fotos labeln und damit eine KI trainieren können,
wobei jedem Label die Funktion eines digitalen Etiketts zukommt, welches die
auf einem Foto enthaltene Information beschreibt. Produktionsmitarbeitern wird
es ermöglicht, mit der No-Code AI eigenständig KI-Lösungen zu kreieren, welche sie bei ihren individuellen Prozessen unterstützen können. Die entwickelten
Algorithmen zur Anonymisierung sind modular aufgebaut und erlauben die automatische Aufbereitung der Fotos. Zudem bestehen keine Limitationen für den
Einsatz von Bildverarbeitungssystemen. Sie stehen Software-Entwicklern weltweit kostenfrei zur Verfügung, welche die Algorithmen verwenden, den Quelltext
einsehen, ändern und weiterentwickeln können.[13]

Im Rahmen der Bildveränderung werden das gesamte Bild oder einzelne Bild-
ausschnitte durch technische Methoden verändert, wobei nicht konkret bestimmt
werden kann, ob die (Bild-)Daten so verändert werden, dass die Identifizierung
einer betroffenen Person nicht mehr oder nur mit einem unverhältnismäßig großen
Aufwand an Zeit und Kosten (BDSG § 27; DSGVO ErwG 26) möglich ist,
zumal dies bei Bild- und Videodaten besonders problematisch ist, da ein besonderes Erscheinungsbild oder sonstige körperliche Besonderheiten (auffällige Frisur,
Tätowierungen, Umriss, Kleidung) eine Identifizierung erleichtern können. Eine
Anonymisierung ist erst dann gegeben, wenn sowohl die verantwortliche Stelle
als auch Personen, welche die Daten technisch und sicherheitsmäßig verwalten
(Datenbankverwalter, Systemverwalter, Datenschutzbeauftragter), nur mit einem
unverhältnismäßig großen Aufwand in der Lage sind, die betroffenen Personen zu
bestimmen oder wieder bestimmbar zu machen. Da sowohl der Begriff als auch
der Prozess der Anonymisierung weder in der Datenschutz-Grundverordnung
(DSGVO) noch im Bundesdatenschutzgesetz (BDSG) definiert werden, lassen
sich die technischen Maßnahmen der Bildveränderung nur schwer mit der juristischen Anonymisierung in Einklang bringen, zumal zu viele Parameter (Stärke der
Bildveränderung, mögliches Zusatzwissen, wer beobachtet den Bildschirm?, wer
hat Zugriff auf die Daten?) einen Einfluss haben können. Dies impliziert, dass von
einer vollumfänglichen Anonymisierung allein durch die Bildveränderung nicht
ausgegangen werden kann, wie bereits am Beispiel von Google Maps erkennbar
ist. Der technische Begriff der Anonymisierung kann somit nicht mit dem Begriff
des Anonymisierens (als Vorgang) oder der Pseudonymisierung (als Definition) in

---

[13] Vgl. Eckardt (2021).

der DSGVO oder im BDSG gleichgesetzt werden. Dies hängt auch damit zusammen, dass das Datenschutzrecht und seine Begriffsbestimmungen überwiegend aus der vordigitalen Zeit stammen und auf Datenbanken angelegt sind, weshalb eine Bildveränderung, welche in der Literatur als Anonymisierung beschrieben wird, nicht als juristische Anonymisierung zu verstehen ist. Stattdessen ist die technische Bildveränderung zum Privatsphärenschutz als rechtliches Pseudonymisieren zu verstehen, womit die Verarbeitung personenbezogener Daten so zu erfolgen hat, dass diese ohne die Hinzuziehung zusätzlicher Informationen nicht mehr identifiziert werden können. Insofern handelt es sich bei den vorgestellten Maßnahmen zum Privatsphärenschutz um Ansätze, welche eine Datensparsamkeit umsetzen und der Pseudonymisierung gleichkommen.[14]

---

[14] Vgl. Bretthauer (2017) S. 147 ff., S. 152.

Risiken der Nutzung anonymisierter Daten

8

Im Rahmen der Anwendung von Anonymisierungstechniken gilt es, strikt zwischen Anonymisierung und Pseudonymisierung zu trennen respektive zwischen pseudonymisierten Daten und anonymisierten Daten zu differenzieren. Pseudonymisierte Daten ermöglichen das Herausgreifen einer einzelnen betroffenen Person sowie die Verknüpfung unterschiedlicher Datenbestände, sodass sie geeignet sind, eine Identifizierung zu ermöglichen. Daher fallen sie in den Anwendungsbereich der Datenschutz-Grundverordnung (DSGVO). Darüber hinaus gelten für die betroffenen Personen, trotz ihrer ordnungsgemäß anonymisierten Daten, welche nicht mehr in den Anwendungsbereich der Datenschutzrichtlinie fallen, dennoch Garantien für den Schutz ihrer Privatsphäre, weil auf die Nutzung dieser Daten andere Rechtsvorschriften anwendbar sein können. So ist im Telekommunikation-Telemedien-Datenschutz-Gesetz (TTDSG) geregelt, dass eine Speicherung von und der Zugriff auf dem Endgerät betreffenden Informationen jeglicher Art ohne die Einwilligung des Endnutzers nicht erlaubt ist.[1] Auch kann die Nutzung ordnungsgemäß anonymisierter Daten dennoch Auswirkungen auf die betroffenen Personen haben, insbesondere bei Verarbeitungen, die auf Profiling basieren. Zudem kann die Nutzung von Datenbeständen, welche für den Einsatz durch Dritte anonymisiert und freigegeben wurden, eine Verletzung der Privatsphäre zur Folge haben. Die Nutzung anonymisierter Daten auch in Kombination mit anderen Daten unterliegt hingegen dem Datenschutz, sofern dies Auswirkungen (wenn auch indirekt) auf betroffene Personen haben kann, wie z. B. im Rahmen einer Weiterverarbeitung oder einer Zweckänderung.[2] Anonyme und anonymisierte Daten sind zwar vom Anwendungsbereich des Datenschutzes ausgenommen, allerdings erst ab dem Zeitpunkt der Anonymisierung. Bevor die

---

[1] §§ 19–26 TTDSG (2021); Art.-29-Datenschutzgruppe (2014) S. 12.

[2] Vgl. Titel II Art. 7–8 EU (2010); Art.-29-Datenschutzgruppe (2014) S. 12 f.

H.-A. Krebs und P. Hagenweiler, *Datenanonymisierung im Kontext von Künstlicher Intelligenz und Big Data*, https://doi.org/10.1007/978-3-658-37588-1_8

personenbezogenen Daten anonymisiert werden, sind die jeweiligen Betroffenenrechte der DSGVO vollumfänglich zu beachten. So sind betroffene Personen
vor der Anonymisierung u. a. hinsichtlich des Vorgehens einer Anonymisierung
und/oder einer Zweckänderung bei der Verarbeitung der Daten zu informieren.[3]

Da eine Vielzahl von Anonymisierungsverfahren existieren, mit denen personenbezogene Daten anonymisiert werden können, gilt es, zu prüfen, welcher
Ansatz für den spezifischen Fall anzuwenden ist, was von dem Format der zu
schützenden Daten sowie der beabsichtigten Nutzung der Daten abhängig ist.
Neben der technischen Eignung des Anonymisierungsverfahrens gilt es darüber
hinaus, zu untersuchen, inwieweit das jeweilige Anonymisierungsverfahren geeignet ist, alle bekannten Risiken für Personen, deren Daten anonymisiert werden
sollen, effektiv und in einem möglichst hohen Maß zu reduzieren. Dabei sind die
Parameter des Anonymisierungsverfahrens anhand nachvollziehbarer, relevanter
Kriterien auszuwählen und die anonymisierten Daten von einer unabhängigen
Stelle auf mögliche Risiken zu überprüfen.[4]

Ein Angriff auf anonyme Datensätze kann unter verschiedenen Zielen erfolgen. Der Angreifer versucht, herauszufinden, ob die Daten einer spezifischen
Person Teil des Ursprungsdatensatzes waren, aus dem die anonymen Daten
generiert wurden, und welche Datenpunkte im anonymisierten Datensatz die
Daten einer spezifischen Person beinhalten. Zudem wird der Angreifer Vorhersagen über die Werte von Attributen einer spezifischen Person machen. Die
De-Anonymisierung eines Datensatzes ist für den Angreifer umso leichter, je
mehr relevante Kontextinformationen er über die Personen hat und je genauer er
das eingesetzte Anonymisierungsverfahren kennt. Für eine quantitative Aussage
zur Wahrscheinlichkeit der Re-Identifikation einer Person sowie zur Vorhersage
von Attributwerten der Person kann ein formelles Angriffsmodell definiert und
mit einem Testdatensatz evaluiert werden. Hierbei gilt es, die Genauigkeit zu
bewerten, mit der ein Angreifer eine spezifische Person in einem anonymisierten
Datensatz re-identifizieren kann und mit der ein Attributwert einer spezifischen
Person vorhergesagt werden kann.[5]

Um das Risiko von anonymen Datensätzen zu bewerten, können mehrere
Szenarien betrachtet werden. Für die Bewertung und Analyse der Anonymität werden Angreifer simuliert, die über unterschiedlich detaillierte Kenntnisse
des Anonymisierungsverfahrens sowie der Kontextinformationen verfügen und
unterschiedliche Ressourcen zur Verfügung haben. Nach der Identifizierung der

---

[3] Vgl. Art. 14 (4); GMDS (2018) S. 12 f.
[4] Vgl. Dewes/Steinebach u. a. (2020) S. 17 f.
[5] Vgl. Dewes/Steinebach u. a. (2020) S. 15 f.

Risiken lassen sich die Anonymisierungsverfahren entsprechend anpassen oder die Risiken durch zusätzliche technisch-organisatorische Maßnahmen reduzieren, um eine datenschutzkonforme Verarbeitung der personenbezogenen Daten zu gewährleisten. In Abhängigkeit des Anonymisierungsverfahrens sind verschiedene Angriffsszenarien denkbar.[6] Bei aggregierten Daten können basierend auf bekannten Daten einer Person Rückschlüsse auf sensible Attributwerte dieser Person gezogen werden. Indem die Verteilung eines sensiblen Attributs in einer Gruppe von der Verteilung des Attributs in dem Gesamtdatensatz abweicht, ist es dem Angreifer möglich, eine statistische Vorhersage über den Attributwert einer Person zu erlangen, sofern ihm bekannt ist, dass die Person im Datensatz enthalten ist und einer gegebenen Gruppe angehört.[7] Angriffe auf rauschbasierte anonymisierte Daten können z. B. durch unrealistische oder sehr unwahrscheinliche Attributwerte erfolgen, welche es ermöglichen, genauere Vorhersagen zum möglichen Wert eines Attributs zu machen. Sofern der Angreifer wiederholt einzelne Datenpunkte durch das Rauschverfahren anonymisieren kann, ist es ihm möglich, das Rauschen durch statistisches Mitteln zu reduzieren und so die Anonymitätsgarantie des Rauschmodells zu umgehen. Auch durch die Nutzung korrelierter Attributwerte kann das effektive Rauschen eines Attributwerts durch statistisches Mitteln reduziert werden. Darüber hinaus sind Angriffe z. B. auf deterministische oder pseudozufällige Rauschverfahren möglich, um das Rauschen für einzelne Datenpunkte zu erzeugen, sodass der Angreifer das hierfür zugrunde liegende Verfahren nachbilden kann.[8] Angriffe auf synthetische Daten können genauso erfolgen wie Angriffe auf aggregierte Daten oder auf mit Rauschen anonymisierte Daten. So existieren Syntheseverfahren, welche direkt Attributwerte des Originaldatensatzes zur Generierung der synthetischen Daten nutzen. Sofern es sich dabei um eindeutige Werte, wie z. B. numerische Werte, in den synthetischen Daten handelt, können mit diesen Daten Rückschlüsse auf einzelne Personen in den Ursprungsdaten gezogen werden. Darüber hinaus kann die statistische Analyse der synthetischen Daten es wie bei Aggregationsverfahren ermöglichen, Prognosen zu Attributwerten einzelner Personen zu treffen.[9]

Risiken durch Modelle der künstlichen Intelligenz
Nach aktuellem Wissensstand findet innerhalb der drei Formen der künstlichen Intelligenz (KI) lediglich die „schwache KI" Einsatz, sodass die derzeitigen

---

[6] Vgl. Dewes/Steinebach u. a. (2020) S. 16.
[7] Vgl. Dewes/Steinebach u. a. (2020) S. 16 f.
[8] Vgl. Dewes/Steinebach u. a. (2020) S. 17.
[9] Vgl. Dewes/Steinebach u. a. (2020) S. 17.

datenschutzrechtlichen Richtlinien ausreichen, um personenbezogene Daten zu schützen.[10] Allerdings muss in diesem Kontext die fortlaufende Entwicklung der künstlichen Intelligenz berücksichtigt werden. Im Rahmen des maschinellen Lernens, als Teilgebiet der künstlichen Intelligenz (KI), wird mithilfe von Lernalgorithmen versucht, Strukturen in Daten zu erkennen, um auf diesen Mustern Aufgaben zu lösen. Je mehr Informationen zum Trainieren der Lernalgorithmen zur Verfügung stehen, umso besser werden die Modelle und entsprechend effizienter die Schätzungen. Anhand von Studien wurde nachgewiesen, dass theoretisch bestimmte Techniken des maschinellen Lernens, wie Support Vektor Maschinen oder k-nächste-Nachbarn-Klassifikatoren (sog. Feature-Vektoren), vom finalen KI-Modell Rückschlüsse auf die zum Training verwendeten Daten (Rohdaten), insbesondere Multimediadaten (vgl. Abschn. 7.2), ziehen können, indem sie Informationen über die zum Lernen verwendeten Daten in dem Modell selbst abspeichern, sodass sie ein Risiko für die Re-Identifizierung der Daten und damit für die Privatheit darstellen könnten. Zudem werden umfangreiche Analysen häufig in Kombination mit Cloud Computing angeboten, welches ein grundsätzliches Sicherheitsrisiko für die Daten darstellt, wenn diese unverschlüsselt übermittelt werden. In diesem Kontext ist in jüngster Zeit das Forschungsfeld des datenschutzfreundlichen maschinellen Lernens (Privacy-preserving Machine Learning, PPML) entstanden, mit dem Ziel, die Privatheit des Einzelnen zu schützen und zugleich das Training von KI-Modellen auf Daten von vielen Personen zu ermöglichen. Zu diesen Forschungsansätzen gehören u. a. das Konzept der differentiellen privaten Datensynthese (Differentially Private Data Synthesis, DIPS), Verfahren der homomorphen Verschlüsselung und kollaboratives maschinelles Lernen, welche einen Schutz sensibler Daten vor der Offenlegung beim Einsatz des maschinellen Lernens bieten können.[11]

Im Rahmen des Anonymitätskriteriums Differential Privacy werden verschiedene Möglichkeiten des Rauschens potenziell angreifbarer Daten erforscht und entwickelt, mit dem Ziel, ein Gleichgewicht zwischen dem Schutz der Privatheit und dem Ergebnis der Datenqualität zu erreichen. Der Ansatz der Differentially Private Data Synthesis (DIPS) verfolgt eine andere Richtung der privatheiterhaltenden Datenveröffentlichung, indem die Daten auf der Basis realer Datensätze, z. B. mithilfe der Copula-Funktionen oder der Generative Adversarial Networks (GAN) unter Einhaltung von Differential Privacy, synthetisiert werden (vgl. Abschn. 6.4). Dabei erfüllen die simulierten Daten bereits Differential Privacy und ermöglichen somit keine Rückschlüsse auf die Originaldaten. Zudem besitzen die Daten

---

[10] Vgl. Bleckat (2020) S. 198.

[11] Vgl. Winter/Battis/Halvani (2019) S. 347; Battis/Graner u. a. (2020) S. 55; Dewes/Steinebach u. a. (2020) S. 26; SIT (2020) S. 90 f.

fast dieselben Verteilungseigenschaften wie die zugrunde liegenden Originaldaten und können in beliebiger Anzahl erzeugt werden, um damit u. a. die Güte
eines KI-Models zu verbessern. Bei der homomorphen Verschlüsselung werden
Rechenoperationen direkt auf den verschlüsselten Daten ausgeführt, sodass diese
nicht zunächst unverschlüsselt überführt und somit angreifbar gemacht werden.
Mit diesem Verfahren können Daten an eine nicht vertrauenswürdige Instanz
weitergegeben und Berechnungen dort durchgeführt werden. Um recheninten-
sive Anwendungen, wie eine voll-homomorphe Verschlüsselung zu vermeiden,
wurde z. B. ein auf unverschlüsselte Rohdaten trainiertes neuronales Netz auf
begrenzt homomorph verschlüsselte Daten angewandt oder das Training verschiedener Verfahren des maschinellen Lernens mit additiv-homomorpher Verschlüsselung
und Zero-Knowledge-Beweisen umgesetzt. Eine weitere Lösung zum privatsphä-
renfreundlichen Lernen auf Daten bietet das kollaborative maschinelle Lernen
(föderiertes Lernen) (vgl. Abschn. 6.5). Dabei wird ein Grundmodell lokal auf
den individuellen Daten trainiert und lediglich die neu berechneten Gradienten des
Trainings oder die neuen Modellparameter an den Serviceprovider übermittelt. Der
Provider wiederum aktualisiert das Gesamtmodell anhand der übermittelten Informationen und stellt es anschließend zum Download zur Verfügung. Das aktualisierte
Modell kann dann wiederum erneut lokal trainiert werden und die resultieren-
den Gradienten oder Parameter werden wieder zurück an den Server gesendet. Es
gibt auch Ansätze, wo nicht alle Aktualisierungen mit dem Server geteilt werden
müssen, sondern nur eine vom Anwender festgelegte Teilmenge, wobei zusätzlich das Konzept der Differential Privacy umgesetzt wird. Daneben können auch
kryptografische Methoden, wie die homomorphe Verschlüsselung oder die sichere
Mehrparteienberechnung, als Teilgebiet der Kryptografie, genutzt werden. Bei der
Mehrparteienberechnung wird eine Funktion gemeinschaftlich durch mehrere Parteien berechnet. Die Privatheit wird dadurch gewahrt, dass jede Partei nur die eigene
Eingabe und Funktionsausgabe erfährt, während die Eingaben der übrigen Teilnehmer verborgen bleiben. Dabei konnte aber in Studien gezeigt werden, dass auch in
dezentralen Lernansätzen in Kombination mit Differential Privacy oder der Mehr-
parteienrechnung es mithilfe eines Generative Adversarial Network (GAN) möglich
ist, über die übrigen Teilnehmer sensible Daten zu sammeln. Dies verdeutlicht, dass
in diesem Umfeld noch ein enormer Forschungsbedarf besteht.[12]

---

[12] Vgl. Winter/Battis/Halvani (2019) S. 347 ff.; Battis/Graner u. a. (2020) S. 66 ff.;
Dewes/Steinebach u. a. (2020) S. 23 ff., S. 27; SIT (2020) S. 91 f.

Verfahren zur Durchführung der Anonymisierung

9

Die Anonymisierung ist ein Prozess, welcher auf personenbezogene Daten angewendet wird, mit dem Ziel, eine unumkehrbare Re-Identifizierung zu erreichen. So wird in der ISO 29100 der Begriff der Anonymisierung, wie folgt, definiert: „Anonymization is the process by which personally identifiable information (PII) is irreversibly altered in such a way that a PII principal can no longer be identified directly or indirectly, either by the PII controller alone or in collaboration with any other party."[1] Gemäß der Datenschutz-Grundverordnung (DSGVO) sind vier wesentliche Merkmale der Anonymisierung abzuleiten. Hiernach kann die Anonymisierung das Ergebnis einer Verarbeitung personenbezogener Daten sein, welche das Ziel hat, die Identifizierung der betroffenen Personen unwiderruflich zu verhindern. Dabei können verschiedene Anonymisierungstechniken angewandt werden, welche in der DSGVO weder erwähnt noch konkrete Vorgaben zum Verfahren der Anonymisierung gemacht werden. Insbesondere sind auch die kontextabhängigen Faktoren in Betracht zu ziehen, da alle Mittel zu berücksichtigen sind, welche von dem für die Verarbeitung der Daten Verantwortlichen oder von einer dritten Person zur Identifizierung dieser Daten genutzt werden könnten. Zu diesen Faktoren gehören die Kosten der Identifizierung, der erforderliche Zeitaufwand sowie die verfügbaren Technologien und technologischen Entwicklungen (Stand der Technik). Schließlich kann jede Technik der Anonymisierung einen Risikofaktor bergen, welcher bei der Beurteilung der Validität zu berücksichtigen ist, wozu auch die Möglichkeit für eine Nutzung der anonymisierten Daten gehört, sowie dessen Schwere und Wahrscheinlichkeit zu bewerten ist. Somit bleibt mit

---

[1] DIN EN ISO/IEC 29100 (2020); vgl. Art.-29-Datenschutzgruppe (2014) S. 7 Anm. 3; Kneuper (2021) S. 13 f., S. 205.

© Green Excellence GmbH 2022
H.-A. Krebs und P. Hagenweiler, *Datenanonymisierung im Kontext von Künstlicher Intelligenz und Big Data*, https://doi.org/10.1007/978-3-658-37588-1_9

jeder technisch-organisatorischen Maßnahme, mit welcher die Anonymisierung personenbezogener Daten umgesetzt wird, ein Restrisiko bestehen.[2]

Rechtsgrundlagen

In Fällen, wo personenbezogene Daten nicht mehr für operative Zwecke, aber für Auswertungen benötigt oder im Rahmen der Forschung veröffentlicht werden, ist eine Anonymisierung der Daten angemessen.[3] Das Anonymisierungsverfahren stellt aufgrund der Verarbeitung personenbezogener Daten mit dem Ziel ihrer Anonymisierung eine Form der Weiterverarbeitung gemäß der DSGVO dar, sodass es einer Rechtsgrundlage bedarf.[4] Der Begriff der Verarbeitung wird in der DSGVO als „[…] jeden mit oder ohne Hilfe automatisierter Verfahren ausgeführten Vorgang oder jede solche Vorgangsreihe im Zusammenhang mit personenbezogenen Daten […]" definiert und Beispiele hierfür genannt, wie u. a. das Erheben, die Veränderung, die Speicherung und die Löschung. Der Vorgang der Anonymisierung als solcher wird zwar nicht explizit aufgeführt, allerdings handelt es sich bei der Anonymisierung um einen Vorgang, womit personenbezogene Daten ihren Personenbezug verlieren und somit verändert werden. Zudem handelt es sich um eine ähnliche Verarbeitung wie bei einer Löschung, deren Vorgang wie die Veränderung im Rahmen der Definition der Verarbeitung genannt wird.[5] Da es sich bei der Anonymisierung um eine Weiterverarbeitung ohne Zweckänderung handelt, kann sie in der Regel auf Basis der Rechtsgrundlage der ursprünglichen Verarbeitung erfolgen. Grundsätzlich kann als Rechtsgrundlage für eine Anonymisierung jeder der in der DSGVO genannten Gründe im Rahmen der „Rechtmäßigkeit der Verarbeitung" in Abhängigkeit der Umstände des konkreten Falls herangezogen werden. Dies sind insbesondere das Vorliegen einer Einwilligung der betroffenen Personen, die Weiterverarbeitung zu einem anderen Zweck als jener der ursprünglichen Erhebung sowie die Erfüllung rechtlicher Pflichten (Rechte der betroffenen Personen).[6] Darüber hinaus ist die Verarbeitung der Daten zur Wahrung des berechtigten Interesses ein weiterer Aspekt der Rechtsgrundlage, wobei die Abwägung der Kriterien der Betroffenen gegen die des Verantwortlichen zu prüfen sind. Voraussetzung für die Nutzung dieser Rechtsgrundlagen ist eine effektive Anonymisierung, welche mit

---

[2] Vgl. ErwG 26 DSGVO (2016); Art.-29-Datenschutzgruppe (2014) S. 7.

[3] Vgl. Kneuper (2021) S. 144.

[4] Vgl. Art.-29-Datenschutzgruppe (2014) S. 6 ff.; BfDI (2020) S. 5; Kneuper (2020) S. 7; Kneuper (2021) S. 144.

[5] Vgl. Art. 4 Nr. 2 DSGVO (2016); BfDI (2020) S. 5; GI (2020) S. 3.

[6] Vgl. Art. 6 (1a, 1c, 4), Art. 17 (1) DSGVO (2016); Art.-29-Datenschutzgruppe (2014) S. 8; BfDI (2020) S. 5 ff.; GI (2020) S. 3.

einem vertretbaren Aufwand nicht rückgängig gemacht werden kann.[7] Insbesondere dürfen gemäß der DSGVO die personenbezogenen Daten nicht länger, als es für den Zweck erforderlich ist, gespeichert werden, es sei denn, sie dienen unter dem Einsatz geeigneter technischer und organisatorischer Maßnahmen ausschließlich für Archivzwecke oder wissenschaftliche und historische Forschungszwecke oder für statistische Zwecke, welche im öffentlichen Interesse stehen. So ist die Anonymisierung als eine Form der Weiterverarbeitung personenbezogener Daten mit dem ursprünglichen Verarbeitungszweck vereinbar, sofern das Anonymisierungsverfahren geeignet ist, zuverlässig anonymisierte Daten hervorzubringen.[8] Darüber hinaus ist zu berücksichtigen, dass die betroffenen Personen über die geplante Anonymisierung zu informieren sind, worauf bereits zu Beginn der Verarbeitung hinzuweisen ist, sofern sie nicht unter geeigneten Garantien zu Archivzwecken, wissenschaftlichen oder statistischen Zwecken benötigt werden und sich die Erteilung der Information als unmöglich erweist oder einen unverhältnismäßig hohen Aufwand erfordert. Allerdings ist der Verantwortliche nicht verpflichtet, zusätzliche Informationen aufzubewahren oder zu verarbeiten, um die betroffene Person zu identifizieren, sofern die Identifizierung der betroffenen Person nicht mehr erforderlich ist und im Zuge der Anonymisierung auch nicht mehr möglich ist bzw. möglich sein soll.[9]

Verarbeitungsverzeichnis
Bislang existiert kein verbreiteter Standard zum Vorgehen der Anonymisierung personenbezogener Daten.[10] Auch werden in der Datenschutz-Grundverordnung (DSGVO) respektive im Bundesdatenschutzgesetz (BDSG) keine näheren Angaben zum Verfahren der Anonymisierung gemacht. Da das Verfahren der Anonymisierung eine Weiterverarbeitung personenbezogener Daten darstellt, sind die Verarbeitungstätigkeiten gemäß der DSGVO in einem Verzeichnis zu führen, wozu u. a. eine Beschreibung der technischen und organisatorischen Maßnahmen gehört, wie z. B. die Pseudonymisierung und Anonymisierung von Daten.[11] In der DSGVO wird geregelt, welche konkreten allgemeinen Angaben und welche Angaben im Rahmen der durchgeführten Tätigkeiten der Verarbeitung das Verzeichnis enthalten muss. Zu den allgemeinen Angaben gehören der Name und die Kontaktdaten des oder der Verantwortlichen, deren Vertretung sowie des Datenschutzbeauftragten, die Zwecke der Verarbeitung, eine Beschreibung der Kategorien betroffener Personen

---

[7] Vgl. Art. 6 (1f) DSGVO (2016); GI (2020) S. 3.

[8] Vgl. Art. 5 (b, c, e) DSGVO (2016); Art.-29-Datenschutzgruppe (2014) S. 8.

[9] Vgl. Art. 11, 14 (5 b), Art. 89 DSGVO (2016); GI (2020) S. 3 f.

[10] Vgl. Kneuper (2020) S. 9; Kneuper (2021) S. 147.

[11] Vgl. Art. 30 DSGVO (2016); GMDS (2018) S. 29 f.

und der Kategorien personenbezogener Daten, die Kategorien von Empfängern, denen die personenbezogenen Daten offengelegt worden sind oder werden, eine mögliche Übermittlung von personenbezogenen Daten an ein Drittland oder an eine internationale Organisation sowie der hierfür geeigneten Garantien, Fristen für die Löschung der verschiedenen Datenkategorien sowie eine allgemeine Beschreibung der technischen und organisatorischen Maßnahmen. Zu den Angaben der durchgeführten Tätigkeiten der Verarbeitung gehören der Name und die Kontaktdaten des oder der Auftragsverarbeiter/s oder dessen/deren Verantwortliche/r oder Vertreter/s sowie des Datenschutzbeauftragten, die Kategorien von Verarbeitungen, mögliche Übermittlungen von personenbezogenen Daten an ein Drittland oder an eine internationale Organisation sowie eine Dokumentation geeigneter Garantien und eine allgemeine Beschreibung der technischen und organisatorischen Maßnahmen. Darüber hinaus muss dieses Verzeichnis schriftlich, auch in elektronischer Form, geführt werden, welches der Aufsichtsbehörde auf Anfrage zur Verfügung zu stellen ist. Das Führen eines Verzeichnisses ist für Unternehmen oder Einrichtungen, mit weniger als 250 Mitarbeitern nicht erforderlich, sofern die Verarbeitung der Daten kein Risiko für die Rechte und Freiheiten der betroffenen Personen darstellt, nur gelegentlich erfolgt oder eine Verarbeitung besonderer (sensibler) Datenkategorien ausschließt.[12]

Da im Rahmen einer Anonymisierung grundsätzlich Daten verarbeitet werden, welche ein Risiko für die Rechte und Freiheiten betroffener Personen darstellen können, ist das Führen eines Verzeichnisses erforderlich, zumal gemäß dem Grundsatz der DSGVO der Verantwortliche die Sicherheit der Verarbeitung durch geeignete technische und organisatorische Maßnahmen nachweisen muss. Hieraus sind für das Führen eines Verzeichnisses im Rahmen einer Anonymisierung (der durchgeführten Tätigkeiten der Verarbeitung) gemäß der DSGVO folgende allgemeine Angaben sowie Angaben der durchgeführten Tätigkeiten zur Dokumentation abzuleiten:

Allgemeine Angaben der zu bearbeitenden Daten (Anonymisierung als Verarbeitung personenbezogener Daten)[13]

- Namen und Kontaktdaten der Verantwortlichen sowie deren Vertreter und ggf. Datenschutzbeauftragten (sofern es sich nicht um eine Verarbeitung zu Forschungszwecken handelt) der personenbezogenen Daten
- Beschreibung des Zwecks der Anonymisierung der personenbezogenen Daten, welche eine geeignete Rechtsgrundlage erfordert
- Beschreibung der Kategorien betroffener Personen und der Datenkategorien

---

[12] Vgl. Art. 30 DSGVO (2016).
[13] Vgl. Art. 5, Art. 30 (1) DSGVO (2016).

- Beschreibung der Kategorien der Empfänger, denen die Daten offengelegt werden bzw. der Einschränkung der Offenlegung
- Beschreibung/Einschränkung der Übermittlung an ein Drittland oder an eine internationale Organisation
- Angaben der vorgesehenen Löschfristen der verschiedenen Datenkategorien
- Dokumentation der technischen und organisatorischen Maßnahmen

Angaben der durchgeführten Tätigkeiten der Verarbeitung (Maßnahmen zur Umsetzung des Datenschutzes)[14]

- Namen und Kontaktdaten der Auftragsverarbeiter/Verantwortlichen/Vertreter und ggf. Datenschutzbeauftragten (sofern es sich nicht um eine Verarbeitung zu Forschungszwecken handelt) der Durchführung der Anonymisierung (der anonymisierten Daten)
- Beschreibung der Kategorien der Verarbeitung (Anonymisierung)
- Beschreibung möglicher Übermittlungen von anonymisierten Daten an ein Drittland oder an eine internationale Organisation bzw. eine Festlegung der Einschränkung der Übermittlung sowie eine Dokumentation geeigneter Garantien
- Dokumentation der technischen und organisatorischen Maßnahmen (hier konkret die Anonymisierung)
  - Beschreibung der Verarbeitung, für welche die Daten erhoben wurden
  - Beschreibung der Verarbeitung, für welche die Anonymisierung erforderlich ist
  - Identifizierung der mit den Daten verbundenen Risiken (Risikoanalyse) gemäß des Schutzbedarfs der Daten (Schadenshöhe) und der Schadenswahrscheinlichkeit
  - Angabe der Person und/oder des automatisierten IT-Systems (Software), welches die Anonymisierung durchführt
  - Beschreibung, mit welchen Techniken und Verfahren (iterativ) eine Anonymisierung durchgeführt wird
  - Begründung, welche Daten für die Anonymisierung ausgewählt wurden und warum diese Daten bzgl. einer Re-Identifizierung relevant waren
  - Nachweis der Anonymität, d. h. der Nachweis der Nicht-Beziehbarkeit der verarbeiteten Daten auf eine identifizierte oder identifizierbare natürliche Person

---

[14] Vgl. Art. 5, Art. 30 (2) DSGVO (2016); GMDS (2018) S. 30 f.

- Umgang der ggf. zur Anonymisierung genutzten kryptografischen Schlüssel sowie eine Beschreibung, in welchen Bereichen und für welche Anwendungen die kryptografischen Schlüssel verwendet werden
- Beschreibung der Risikobewertung
- Festlegung der Beschränkungen, denen der Empfänger der anonymisierten Daten unterliegt

Maßnahme der Anonymisierung

Neben der Form der Verarbeitung personenbezogener Daten, welche eine Rechtsgrundlage erfordert, ist die Anonymisierung auch eine Maßnahme zur Umsetzung des Datenschutzes gemäß der Datenschutz-Grundverordnung (DSGVO), welche angemessen und ausreichend sein muss, allerdings in der DSGVO nicht näher beschrieben wird. Sie liegt in ihrem Schutzumfang zwischen einer Pseudonymisierung und einer Löschung. So haben bei der Anonymisierung wie bei der Pseudonymisierung zwar der Verantwortliche, aber keine Dritte eine Möglichkeit der Zuordnung der Daten zu einer Person. Zudem stehen bei der Anonymisierung wie bei der Löschung die verarbeiteten Daten nicht mehr als personenbezogene Daten zur Verfügung, wobei das Risiko einer Re-Identifizierung anonymisierter Daten allerdings höher liegt als bei einer Wiederherstellung gelöschter Daten.[15]

Ein wesentlicher Grund für die Anonymisierung personenbezogener Daten ist eine statistische oder vergleichbare Form der Auswertung, wofür der Personenbezug nicht erforderlich ist und welche gegen die DSGVO verstoßen könnte. Zudem kann sie immer dann eingesetzt werden, wo gemäß der DSGVO, welche die Anonymisierung als Maßnahme nicht anführt, eine Pseudonymisierung als angemessen gilt.[16] Gemäß der DSGVO wird eine absolute Anonymisierung, wodurch eine Wiederherstellung des Personenbezugs für niemanden mehr möglich ist, nicht gefordert, zumal sie als nicht möglich betrachtet wird, allerdings soll eine mögliche Re-Identifizierung anhand objektiver Faktoren, wie die Kosten, der erforderliche Zeitaufwand und die verfügbare Technologie, welche nach Ermessen des Verantwortlichen hierfür genutzt werden könnten, eingeschätzt werden. Hiernach ist eine Betrachtung der unterschiedlichen Grade der erreichten Anonymität, welche z. B. mithilfe der verschiedenen Anonymitätsmodelle dargestellt werden können, erforderlich. Zudem ist trotz der Maßnahme der Anonymisierung ein Schutz der anonymisierten Daten weiterhin erforderlich, sofern eine Re-Identifizierung, insbesondere mit zukünftigen Technologien, möglich wäre.[17] In Abhängigkeit der

---

[15] Vgl. GI (2020) S. 2.
[16] Vgl. GI (2020) S. 4.
[17] Vgl. ErwG 26 DSGVO (2016); BfDI (2020) S. 4; GI (2020) S. 5.

basierend auf der DSGVO verwendeten Rechtsgrundlage der Anonymisierung muss das Ziel des Grades der Anonymisierung, ausgehend von der beabsichtigten Verarbeitung der anonymisierten Daten, definiert und bewertet werden sowie ausreichend hoch sein. Zur Bewertung des Grades der durch die Anonymisierung erreichten Anonymität stehen Anonymitätsmaße, wie die k-Anonymität und deren Erweiterungen, zur Verfügung (vgl. Abschn. 6.2).[18]

In der Statistik wird zwischen drei Anonymisierungsgraden unterschieden. Dies sind die formale Anonymität, die faktische Anonymität und die absolute Anonymität. Bei der formalen Anonymität sind in einem Datensatz die direkten Identifikatoren entfernt, sodass diese den Merkmalsträgern nicht mehr zugeordnet werden können, außer wenn hierfür eindeutige Kombinationen von Merkmalsausprägungen gefunden werden. Eine faktische Anonymität liegt vor, wenn ein unverhältnismäßig großer Aufwand an Zeit, Kosten und Arbeitskraft aufgebracht werden muss, um eine Zuordnung der Daten zu ermöglichen, wodurch eine De-Anonymisierung der Daten nicht mit Sicherheit ausgeschlossen werden kann. Schließlich sind bei einer absoluten Anonymität die anonymisierten Daten durch Anonymisierung oder Entfernung einzelner Merkmale so verändert, wodurch eine Identifizierung sowie eindeutige Zuordnung trotz beliebig vieler zusätzlicher Informationen nicht mehr möglich ist.[19]

In der Literatur wird auf wesentliche Schritte zum Vorgehen des Verfahrens der Anonymisierung hingewiesen. Diese sind die Identifizierung der betroffenen Daten und deren geplante Nutzung (siehe Verarbeitungstätigkeiten gemäß DSGVO), eine initiale Risikobetrachtung, eine Basis-Anonymisierung, eine erneute Risikobetrachtung sowie ggf. auf der Grundlage dieses Ergebnisses eine weitergehende Anonymisierung auf der Basis von Anonymitätsmodellen.[20] Zudem werden verschiedene Szenarien zur Anonymisierung betrachtet, wobei ein Treuhänder eingebunden wird oder nicht. Beim Einsatz eines vertrauenswürdigen Treuhänders kann dieser die Daten der Betroffenen sammeln, anonymisieren oder pseudonymisieren und anschließend für Dritte zur Auswertung bereitstellen, was hohe Anforderungen an die Qualität der Anonymisierung stellt, zumal nach der Bereitstellung der Daten kaum kontrolliert werden kann, wie die Daten ausgewertet oder mit anderen Daten kombiniert werden. So kann der Treuhänder die personenbezogenen Daten speichern, aber nur anonymisierte Auswertungen herausgeben. Schließlich

---

[18] Vgl. GI (2020) S. 5 f.

[19] Vgl. § 16 (6) Nr. 1 BStatG (2021); Franz/Tremmel/Kruse (2018) S. 48; SIT (2020) S. 26.

[20] Vgl. Kneuper (2020) S. 9; Kneuper (2021) S. 147.

können die Daten umgehend nach der Erfassung lokal anonymisiert werden und liegen somit nicht mehr als personenbezogene Daten vor.[21]

Identifizierung der betroffenen Daten und deren geplante Nutzung
Gemäß der DSGVO gilt es in einem Verarbeitungsverzeichnis zu dokumentieren, welche Daten zu welchem Zweck und zu welchem Nutzen anonymisiert werden sollen. Sofern in dem zu bearbeitenden Datenbestand Daten nicht erforderlich sind, sind diese Daten zu löschen und werden von der Anonymisierung ausgeschlossen. Dabei ist es wesentlich, zu klären und zu dokumentieren, dass die Anonymisierung und anschließende Verwendung der Daten auf einer geeigneten rechtlichen Grundlage basiert, wie z. B. zu Forschungszwecken. Im Rahmen der Identifizierung der Daten gilt es zu analysieren, welche Attribute (Identifikationsmerkmale) in den Datensätzen enthalten sind, wobei zwischen (direkten) Identifikatoren, Quasi-Identifikatoren (indirekte Identifikatoren) und sensiblen Attributen differenziert wird, um die Art der Bedrohung feststellen und anhand dessen eine geeignete Anonymisierungstechnik bzw. ein geeignetes Anonymitätsmodell auswählen zu können.[22] Als direkte Attribute gelten alle Daten, welche eine direkte Identifizierung zulassen, wie z. B. der Name. Datensätze mit indirekten Identifikationsmerkmalen können in Kombination mit indirektem oder externem Wissen eine Identifikation ermöglichen, wie z. B. Personenbezeichner (z. B. Geburtsdatum), Erscheinungsmerkmale, biometrische Kennzeichen, genetische Daten, digitale Zertifikate mit einer Identifikationsmöglichkeit, wie z. B. eine elektronische Unterschrift, Identifikationsmerkmale basierend auf einer elektronischen Kommunikation (z. B. E-Mail-oder IP-Adresse), demografische Daten (z. B. Religion), Zuordnungsmerkmale (z. B. Beruf) und Ausreißervariablen (z. B. seltene Diagnosen). Zudem können Datensätze mit indirekten Identifikationsmerkmalen als direkte Identifikationsmerkmale angesehen werden, sofern den Verantwortlichen weitere Informationen zur Identifizierung zur Verfügung stehen. Nicht identifizierende Daten stellen weder direkte noch indirekte Identifikationsmerkmale dar.[23] Bei den indirekten Identifikationsmerkmalen können Daten nach ihrem Wesen besonders sensibel sein, indem sie sensible Attribute enthalten. Dies sind personenbezogene Daten, „[...] aus denen die rassische und ethnische Herkunft, politische Meinungen, religiöse oder weltanschauliche Überzeugungen oder die Gewerkschaftszugehörigkeit hervorgehen, sowie die Verarbeitung von genetischen Daten, biometrischen Daten zur eindeutigen Identifizierung einer natürlichen Person, Gesundheitsdaten oder Daten zum

---

[21] Vgl. Kneuper (2020) S. 8 ff.; Kneuper (2021) S. 146 f.

[22] Vgl. Kneuper (2020) S. 9; Kneuper (2021) S. 144 f., S. 148.

[23] Vgl. GMDS (2018) S. 19; Kneuper (2020) S. 7; Kneuper (2021) S. 144 f.

Sexualleben oder der sexuellen Orientierung einer natürlichen Person [...]".[24] Sensible Daten sind bei deren Verarbeitung einem besonderen Schutz zu unterziehen, da sie erhebliche Risiken für die Grundrechte und Grundfreiheiten natürlicher Personen darstellen. Darüber hinaus sind die allgemeinen Grundsätze und andere Bestimmungen der DSGVO, insbesondere hinsichtlich der Bedingungen für eine rechtmäßige Verarbeitung, zu beachten.[25]

Risikobeurteilung

Nach der Identifizierung der betroffenen Daten gilt es bei der Risikobetrachtung die mit den Daten verbundenen Risiken gemäß möglicher Schadenshöhe (Schutzbedürftigkeit der Daten) in Kombination mit der Schadenswahrscheinlichkeit (Datenverfügbarkeit) zu definieren.[26] Dabei verweist die DSGVO, dass „[...] sowohl zum Zeitpunkt der Festlegung der Mittel für die Verarbeitung als auch zum Zeitpunkt der eigentlichen Verarbeitung geeignete technische und organisatorische Maßnahmen [...]" zu treffen sind, um die Rechte der betroffenen Personen zu schützen, wobei dies abhängig ist von der unterschiedlichen Eintrittswahrscheinlichkeit und der Schwere hinsichtlich der mit Verarbeitung verbundenen Risiken in Bezug auf die Art, den Umfang, die Umstände und den Zweck der Verarbeitung. Hiernach ist es erforderlich, die Risiken im Rahmen der Anonymisierung zu beurteilen, inwieweit diese eine Re-Identifikation (durch Angreifer) ermöglichen kann bzw. ein Risiko oder hohes Risiko darstellt.[27] Die Risiken, welche aus der Verarbeitung hervorgehen, können zu physischen, materiellen und immateriellen Schäden führen und damit die Rechte und Freiheiten von natürlichen Personen verletzen. Dabei stellt bereits eine unrechtmäßige Verarbeitung personenbezogener Daten, welche nicht den Grundsätzen der DSGVO entspricht, eine Beeinträchtigung des Grundrechts auf Datenschutz und damit ein Schadensereignis dar. Schäden können durch die geplante Verarbeitung selbst, durch eigenverantwortete und fremdverursachte Abweichungen von der geplanten Verarbeitung, wie z. B. durch Naturkatastrophen oder Defekte, entstehen.[28] Um Risiken beurteilen zu können, besteht die Möglichkeit, sie nach Kategorien einzuteilen, indem sie z. B. in individuelle und in

---

[24] Vgl. Art. 9 DSGVO (2016).

[25] Vgl. ErwG 51 DSGVO (2016).

[26] Vgl. Kneuper (2020) S. 9 f.; Kneuper (2021) S. 148 f.

[27] Vgl. Art. 25, ErwG 76 DSGVO (2016); GMDS (2018) S. 29.

[28] Vgl. Art. 5, ErwG 75 DSGVO (2016); DSK (2018) S. 1 f.

Individuen übergreifende Risiken differenziert werden. Zudem ist eine Quantifizierung der Risiken erforderlich, wonach eine Abschätzung der Risiken über ein zuvor definiertes Skalenniveau erfolgen kann.[29]

In der DSGVO wird zwischen Risiko, hohem Risiko und keinem Risiko unterschieden, wobei keinem Risiko mit geringem Risiko gleichzusetzen ist, da ein gewisses Risiko im Rahmen der Datenverarbeitung immer bestehen bleiben wird. So lassen sich im Zuge der Risikobeurteilung die möglichen Risiken nach den Stufen „geringes Risiko", „Risiko" und „hohes Risiko" auf der Basis einer konkreten Beschreibung des zugrunde gelegten Sachverhalts bestimmen und einschätzen. Hierfür sind die folgenden drei Phasen zu durchlaufen. Dies sind die Risikoidentifikation, die Abschätzung von Eintrittswahrscheinlichkeit und Schwere möglicher Schäden sowie die Zuordnung der drei Risikostufen, welche von der deutschen Datenschutzkonferenz (DSK) näher beschrieben werden.[30]

a) Risikoidentifikation

Im Rahmen der Risikoidentifikation gilt es, zu analysieren, welche Schäden für die natürlichen Personen auf der Grundlage der zu verarbeitenden Daten entstehen können, wodurch (durch welche Ereignisse) diese Schäden zustande kommen können sowie durch welche Handlungen und Umstände diese Ereignisse eintreten können. Schäden können gemäß der DSGVO physischer, materieller oder immaterieller Natur sein, welche zudem explizit beschrieben werden. Dies können hiernach eine Diskriminierung, ein Identitätsdiebstahl oder -betrug, ein finanzieller Verlust, eine Rufschädigung, erhebliche wirtschaftliche oder gesellschaftliche Nachteile, eine Erschwerung oder ein Ausschluss der Ausübung von Rechten und Freiheiten sowie eine Hinderung der Kontrolle personenbezogener Daten durch betroffene Personen, eine Verarbeitung und Offenlegung sensibler Daten, eine Profilerstellung oder -nutzung durch die Bewertung persönlicher Aspekte, wie u. a. Arbeitsleistung, wirtschaftliche Lage oder Gesundheit, eine Verarbeitung von Daten von Kindern sowie eine Verarbeitung einer großen Menge personenbezogener Daten sein, welche viele Personen betreffen. Im Rahmen der Analyse möglicher Schäden sind die negativen Folgen der geplanten Datenverarbeitung für die Rechte und Freiheiten natürlicher Personen sowie von Abweichungen von der geplanten Datenverarbeitung, wie z. B. Datenzugang unbefugter Personen sowie Offenlegung oder Verknüpfung von Daten, zu betrachten.[31]

---

[29] Vgl. GMDS (2018) S. 29.

[30] Vgl. ErwG 76, ErwG 80 DSGVO (2016); DSK (2018) S. 2.

[31] Vgl. ErwG 75 DSGVO (2016); DSK (2018) S. 2 f.

Im Rahmen der Analyse möglicher Ereignisse werden diese für alle bereits identifizierten möglichen Schäden ermittelt, welche tatsächlich eintreten könnten und in der Nichteinhaltung der Grundsätze der DSGVO sowie in der Nichtgewährung der Betroffenenrechte bestehen. Zu diesen gehören eine unrechtmäßige Verarbeitung sowie eine Verarbeitung wider Treu und Glauben, eine unbefugte Offenlegung von und ein unbefugter Zugang zu Daten, eine Verarbeitung zu inkompatiblen Zwecken, eine Verarbeitung nicht vorhergesehener Daten, eine Verarbeitung unrichtiger Daten, eine Verarbeitung über die Speicherfrist hinaus, eine unbefugte Verarbeitung, ein unbeabsichtigter Verlust, Zerstörung oder Schädigung von Daten sowie die Verweigerung der Betroffenenrechte, wie transparente Information und Kommunikation, Informationspflicht, Auskunftsrecht, Recht auf Berichtigung und Löschung sowie deren Mitteilungspflicht, Recht auf Einschränkung der Verarbeitung, Recht auf Datenübertragbarkeit, Recht auf Widerspruch, auch gegen eine automatisierte Entscheidung.[32]

Als Risikoquellen sind neben dem Bereich des Verantwortlichen oder Auftragsverarbeiters und seiner Verarbeitung als wesentlicher Faktor weitere Personen (Dritte) in Betracht zu ziehen. Zu diesen können Personen im Bereich des Verantwortlichen oder Auftragsverarbeiters gehören, welche bewusst oder unbeabsichtigt die für die Verarbeitung vorgesehenen Bedingungen missachten, z. B. durch die Änderung der Zweckbindung von Daten. Auch Beschäftigte können vorsätzlich oder unbewusst gegen die Anweisungen im Umgang mit personenbezogenen Daten verstoßen oder vorsätzlich in Verfolgung eigener Interessen unbefugt handeln. Des Weiteren können Kommunikationspartner, mit denen personenbezogene Daten befugt ausgetauscht werden, sowie Hersteller und Dienstleister, welche die Informationstechnologie bereitstellen oder warten, Risiken im Umgang mit personenbezogenen Daten darstellen. Schließlich bergen äußere Einflüsse, wie Cyberkriminalität oder staatliche Stellen, die sich unbefugt Zugang verschaffen können, sowie technische Fehlfunktionen und höhere Gewalt weitere Risikofaktoren.[33]

b) Abschätzung von Eintrittswahrscheinlichkeit und Schwere möglicher Schäden

Im Anschluss an die Risikoidentifikation gilt es gemäß der DSGVO, für jeden möglichen Schaden die Eintrittswahrscheinlichkeit und die Schwere in Bezug auf die Art, den Umfang, die Umstände und die Zwecke der Verarbeitung abzuschätzen, welche sich nur selten mathematisch fassen lassen. Dabei ist das Risiko anhand objektiver Kriterien zu beurteilen, was sowohl für materielle als auch für immaterielle Schäden,

---

[32] Vgl. Art. 5, Art. 12 ff. DSGVO (2016); DSK (2018) S. 3.
[33] Vgl. DSK (2018) S. 4.

welche mit negativen Folgen einhergehen können, gilt. So kann eine Möglichkeit für die Bemessung eines Risikos die Anwendung von Abstufungen von Ausprägungen der Eintrittswahrscheinlichkeit und Schwere eines möglichen Schadens sein, wie z. B. die Stufen geringfügig, überschaubar, substanziell und groß, wobei die Einordnung in diese Stufen zu begründen ist. Mit der Eintrittswahrscheinlichkeit eines Risikos wird beschrieben, mit welcher Wahrscheinlichkeit ein bestimmtes Ereignis eintreten und mit welcher Wahrscheinlichkeit es zu Folgeschäden kommen kann, wobei sich die Wahrscheinlichkeiten der verschiedenen Wege, die zu einem Schaden führen können, summieren. Die Schwere eines möglichen Schadens kann verschiedene Ausprägungen haben und betrifft insbesondere sensible Daten, schützenswerte Personengruppen, wie Kinder und Beschäftigte, die Verarbeitung nicht veränderbarer und eindeutig identifizierender Daten, automatisierte Verarbeitungen, die eine umfassende Bewertung persönlicher Aspekte beinhalten, kaum oder irreversible Schäden sowie eine große Anzahl betroffener Personen, Datensätze und Merkmale in einem Datensatz.[34]

c) Zuordnung zu Risikoabstufungen
Nachdem die Eintrittswahrscheinlichkeit eines Risikos und die Schwere eines möglichen Schadens eingeschätzt wurden, sind diese den Risikostufen „geringes Risiko" „Risiko" und „hohes Risiko" zuzuordnen, welche in der DSGVO nicht näher konkretisiert werden. Grundsätzlich ist als Risiko der Verarbeitung die höchste Risikoklasse der Einzelrisiken anzunehmen. Die Darstellung der Risikobewertung kann z. B. über eine Matrix erfolgen. Bei Grenzfällen zwischen den Risiken Eintrittswahrscheinlichkeit und Schwere sind Einzelfallbetrachtungen erforderlich.[35]

Basis-Anonymisierung
Auf der Grundlage der identifizierten Attribute und Risikobetrachtung gilt es, zunächst elementare Anonymisierungstechniken vorzunehmen, wie u. a. Generalisierung oder Suppression, sofern es sich um strukturierte Daten handelt (vgl. Abschn. 6.1). Ein erster Schritt ist eine Löschung der Identifizierer gemäß den HIPAA[36]-Regelungen/Safe Harbor, welche eine Liste von Identifikatoren umfasst,

---

[34] Vgl. ErwG 76 DSGVO (2016); DSK (2018) S. 4 f.
[35] Vgl. DSK (2018) S. 5 f.
[36] Health Insurance Portability and Accountability Act.

die entfernt werden müssen, wie u. a. Namen oder E-Mail-Adressen.[37] Die Auswahl und Anwendung der unterschiedlichen Methoden hängt davon ab, wie am besten der individuell verfolgte Zweck der Anonymisierung erreicht werden kann. Zudem ist dabei zu beachten, dass sich durch den Einsatz dieser Techniken die Informationen in den Daten verändern können, was zu einer nicht unerheblichen Veränderung in den Aussagen der Daten und somit zu einer Qualitätsminderung der Daten führen kann.[38] Der Verantwortliche ist verpflichtet, zu prüfen, ob alle möglichen Maßnahmen zur Eindämmung des Risikos ergriffen wurden, bevor mit einer Datenverarbeitung begonnen wird. Bei einer Prüfung des Ergebnisses der Anonymisierung sind die Methodik und Umsetzung der Methodik sowie das Ergebnis der Umsetzung zu beurteilen. Hierfür ist es gemäß DSGVO als Nachweis zur Erfüllung der Anforderungen erforderlich, dass alles nachvollziehbar dokumentiert wird.[39]

Folgerisikobeurteilung

Nach der Umsetzung des Verfahrens der Anonymisierung, welche die Eintrittswahrscheinlichkeit und/oder die Schwere des möglichen Schadens eindämmen soll, kann ein Restrisiko verbleiben. Daher hat im Anschluss an die Basis-Anonymisierung eine erneute Risikobetrachtung zu erfolgen, um zu analysieren, wie hoch das verbleibende Risiko ist. Insbesondere ist darauf zu achten, dass sich das Risiko durch neue Methoden zur Datenanalyse ändern kann, sodass eine Risikobetrachtung regelmäßig zu überwachen und zu aktualisieren ist. Sofern dieses Restrisiko gemäß Datenschutz-Folgenabschätzung als hoch einzustufen ist, muss eine Konsultation mit der Aufsichtsbehörde erfolgen, wenn eine Datenverarbeitung weiterhin geplant ist. Auch nach der Umsetzung der Anonymisierung muss diese auf ihre Wirksamkeit hin geprüft werden.[40] Insbesondere eine Anonymisierung von sensiblen Daten, welche gemäß der DSGVO besonderen Kategorien zuzuordnen sind, macht in einigen Bundesländern eine Datenschutz-Folgenabschätzung erforderlich, sofern diese an Dritte weitergegeben oder nicht nur zu internen statistischen Zwecken verarbeitet werden.[41]

---

[37] Vgl. Office for Civil Rights (2015); GMDS (2018) S. 17 f.; Kneuper (2020) S. 10 ff.; Kneuper (2021) S. 149 ff.

[38] Vgl. GMDS (2018) S. 20 f.

[39] Vgl. Art. 5 DSGVO (2016); DSK (2018) S. 6; GMDS (2018) S. 28.

[40] Vgl. Art. 35 DSGVO (2016); DSK (2018) S. 6; Kneuper (2020) S. 12; Kneuper (2021) S. 151 f.

[41] Vgl. GMDS (2018) S. 14 (Brandenburg, Bremen, Mecklenburg-Vorpommern, Niedersachsen, Nordrhein-Westfalen, Saarland, Sachsen, Sachsen-Anhalt, Schleswig-Holstein, Thüringen).

Anonymisierung auf der Basis von Anonymitätsmodellen

In Abhängigkeit des verbleibenden Restrisikos kann eine weitergehende Anonymisierung auf der Basis von Anonymitätsmodellen erfolgen, welche sich auf Auswertungen größerer Datenmengen beziehen, mit denen der Grad der geforderten Anonymität und damit die Möglichkeit der Re-Identifizierung bewertet werden kann (vgl. Abschn. 6.2, 6.3).[42] Dabei werden direkte und indirekte Identifikationsmerkmale so verändert, dass sie zu Gruppen zusammengefasst werden können und die mit den Daten verbundenen Personen nicht mehr unterscheidbar sind und somit eine eindeutige Identifikation nicht mehr möglich ist. Um mit dem Konzept der k-Anonymität (k-Anonymity), womit sich der Grad der Anonymität einer Menge von Daten bewerten lässt, zu erreichen, können alle Methoden/Techniken der Anonymisierung eingesetzt werden. Zu den wesentlichen Maßnahmen gehören die Generalisierung und Suppression (vgl. Abschn. 6.1). Dabei vergrößert sich mit einer größeren Gruppe das Maß an Anonymität, wodurch sich zugleich die Wahrscheinlichkeit verringert, als Angehöriger einer Gruppe mit bestimmten Merkmalen identifiziert zu werden. Mit dem Parameter k wird bei der k-Anonymität die Mindestgröße der Gruppen definiert, wonach in einer Gruppe von k Individuen die Wahrscheinlichkeit bei 1/k liegt, ein Individuum (natürliche Person) korrekt zu identifizieren. Im Rahmen der Bewertung der Anonymität wird von einem Grenzwert von mindestens fünf Personen ausgegangen, sodass zu jedem Zeitpunkt der Auswertung mindestens fünf Personen betroffen sind, sodass kein Rückschluss auf einzelne Personen möglich ist. Sobald eine Rückführbarkeit auf eine Gruppe unter fünf Personen nicht auszuschließen ist, müssen sowohl der Grenzwert als auch die Merkmale für die jeweilige Auswertung so definiert werden, dass weiterhin ein Schutz vor einer Re-Identifikation gewährleistet bleibt.[43] Da die Nutzung von k-Anonymität mit einem hinreichend hohen Wert k zwar gut gegen eine Re-Identifizierung von Daten, aber nur schlecht gegen die Ableitung von Attributen oder einer Gruppen-Mitgliedschaft schützt, sind eine Reihe von Erweiterungen sowie andere Ansätze, wie u. a. die differentielle Privatheit, entstanden.[44] Mittlerweile stehen verschiedene Tools zur Anonymisierung personenbezogener Daten, auch unter dem Einsatz von Anonymitätsmodellen, und zur Beurteilung des Risikos zur Verfügung (vgl. Kap. 6).

---

[42] Vgl. Kneuper (2020) S. 12 f.; Kneuper (2021) S. 152.

[43] Vgl. GMDS (2018) S. 26; Kneuper (2020) S. 13; Kneuper (2021) S. 153 f.

[44] Vgl. Kneuper (2020) S. 13 ff.; Kneuper (2021) S. 153 ff.

Software zur Unterstützung der Anonymisierung

10

Zu den wesentlichen Zielen der Anonymisierung von Daten gehören eine angemessene Reduzierung von Re-Identifizierungsrisiken, eine Erhaltung der Nützlichkeit der Ausgabedaten sowie eine Skalierbarkeit des Anonymisierungsprozesses. Dabei müssen die Maßnahmen der Anonymisierung gewährleisten, die Nützlichkeit der Ausgabedaten und die verbleibenden Restrisiken der Re-Identifizierung in einem angemessenen Verhältnis zu bringen. Um diese Ziele zu erreichen, gilt es, Algorithmen zur effizienten Bestimmung von Anonymisierungsstrategien zu entwickeln, welche es ermöglichen, Ausgabedaten mit einer hohen Qualität zu produzieren sowie Modelle und Methoden zur Analyse und Optimierung der Qualität und Nützlichkeit von Ausgabedaten und zur besseren Bestimmung von Re-Identifizierungsrisiken zu entwickeln.[1]

10.1 Anonymisierungsalgorithmen

Aufgrund der großen Anzahl an Anonymitätskriterien und Techniken steht auch eine große Menge an Anonymisierungsalgorithmen mit unterschiedlichsten Eigenschaften zur Verfügung, welche für die effiziente Verarbeitung großer Datenmengen geeignet sind. Dabei soll mithilfe geeigneter Anonymisierungsalgorithmen zielgerichtet als Ergebnis der Anonymisierung eine optimal anonymisierte Tabelle gefunden werden, welche dann als optimal anonym gilt, wenn sie ein gegebenes Anonymitätskriterium erfüllt und zugleich den größten Informationsgehalt beinhaltet. Eine minimal anonyme Tabelle, welche effizient berechnet werden kann, besteht dann, wenn diese einem bestimmten Anonymitätskriterium genügt und ihre Sequenz sich von Anonymisierungsoperationen nicht

---

[1] Vgl. Prasser (2018) S. 4, S. 8 f.

reduzieren lässt, ohne das Anonymitätskriterium zu verletzen. In den meisten Anwendungsfällen ist bereits eine minimal anonyme Lösung ausreichend, für die es verschiedene Algorithmen gibt.[2] So benötigen Anonymisierungsalgorithmen (Informations-)Metriken, um die Nutzbarkeit von Daten bewerten zu können. Während Datenmetriken die Datenqualität einer anonymisierten Tabelle bezüglich der Ursprungstabelle messen, leiten Suchmetriken die Algorithmen, um Tabellen mit einem maximalen Informationsgehalt zu erhalten. Informationsmetriken lassen sich nach dem Verwendungszweck der Daten in universelle Metriken, welche die Ähnlichkeit zwischen Ursprungstabelle und anonymisierter Tabelle berechnen, in spezialisierte Metriken, welche die Nutzbarkeit der Daten für bestimmte Anwendungsfälle maximieren, und in sog. Trade-off-Metriken, welche eine Abwägung zwischen Anonymisierungsstärke und Datenqualität treffen können, differenzieren.[3]

Algorithmen können entsprechend den Angriffsmodellen in Kategorien eingeteilt werden. So stehen Algorithmen zur Verfügung, welche ein Anonymitätskriterium implementieren, das Angriffe auf Datensatzverknüpfungen (Objektidentifizierung) verhindern kann. Bei dem verwendeten Anonymitätskriterium handelt es sich in der Regel um die k-Anonymität, welche allein nur einen geringen Schutz vor Angriffen bietet, sodass für komplexere Kriterien diese fundamentalen Algorithmen der k-Anonymität erweitert oder auf den gleichen Prinzipien aufgebaut werden (Attributsverknüpfung), um sie für die Anonymitätskriterien l-Diversität und t-Nähe einsetzen zu können. Um eine Offenlegung der Gruppen-Mitgliedschaft zu verhindern, wurden entsprechend nach dem Modell der Tabellenverknüpfung Algorithmen entwickelt, um sie für die δ-Presence einsetzen zu können.[4] Darüber hinaus müssen die Anonymisierungsalgorithmen im Rahmen der Big Data-Systeme (große Speicherkapazität und große Rechenleistung) für eine parallele Verarbeitung ausgerichtet sein, sodass sie nicht nur eine vertikale, sondern auch eine horizontale Skalierbarkeit von Systemen, mit denen Daten anonymisiert werden sollen, ermöglichen können.[5]

---

[2] Vgl. Bender (2015) S. 31.

[3] Vgl. Bender (2015) S. 31 ff.

[4] Vgl. Bender (2015) S. 34 ff.

[5] Vgl. Bender (2015) S. 41 ff.

10.2 Open Source-Implementierungen

Mittlerweile stehen verschiedene Open Source-Implementierungen von Anonymisierungsalgorithmen zur Verfügung, welche zur Anonymisierung von Daten genutzt werden können. Dabei lässt sich die derzeitige Landschaft der Open Source-Anonymisierungssoftware, welche Nutzer bei der Bestimmung von Anonymisierungsstrategien unterstützt, indem sie Daten bezüglich der Re-Identifizierungsrisiken und Nützlichkeit evaluiert, in drei Gruppen von Lösungen einteilen. Zunächst existieren Tools aus der Informatikgemeinschaft, bei denen es sich um Forschungsprototypen handelt, wozu die UTD Anonymization Toolbox, das Cornell Anonymization Toolkit, das ANON-Tool, TIAMAT, Anamnesia und SECRETA gehören. Diese fokussieren sich nur auf bestimmte Datenschutz- und Datentransformationsmodelle.[6] Darüber hinaus gibt es Werkzeuge (Tools), welche aus der Statistikgemeinschaft stammen, wozu sdcMicro (Statistical Disclosure Control for Microdata) und μ-ARGUS die bekanntesten Beispiele sind. Diese Tools verfolgen einen manuellen Ansatz, der vielfältige Methoden zur Messung von Risiken, zur Umwandlung von Daten und zur Analyse der Nützlichkeit von Ausgabedaten unterstützen kann. Datenschutzrisiken werden in der Regel nach der Datenumwandlung quantifiziert, sodass ein interaktiver Anonymisierungsprozess mit wiederholten und iterativen Transformationen der Datensätze erfolgt. Schließlich sind im Rahmen der Anforderungen der Datenschutz-Grundverordnung (DSGVO) verschiedene kommerzielle Lösungen entwickelt worden. Über diese Closed Source-Tools ist in der Regel nur wenig über die zugrunde liegenden Algorithmen bekannt ist, weshalb sie nicht für Bewertungen und Vergleiche zur Verfügung stehen. Das ARX Data Anonymization Tool positioniert sich laut Angaben der Entwickler zwischen diesen Extremen, mit dem Ziel, eine offene Software mit einem hohen Automatisierungsgrad zu erreichen und vielfältige Techniken zu unterstützen.[7] Grundsätzliche Anforderungen von Anonymisierungssoftware bestehen in der Unterstützung eines breiten Spektrums an Modellen zur Bewertung und Quantifizierung der oben genannten Eigenschaften der Ausgabedaten, welche flexibel kombiniert werden können, sowie an Anonymisierungsverfahren. Zudem muss die Software eine effiziente Implementierung ermöglichen.[8] Im Folgenden werden die genannten Open Source-Anonymisierungssoftwareprogramme skizziert.

---

[6] Vgl. Bender (2015) S. 47 ff.; Prasser (2018) S. 6; Prasser/Eicher u. a. (2020) S. 1279 f.

[7] Vgl. Prasser/Eicher u. a. (2020) S. 1279 f.

[8] Vgl. Prasser (2018) S. 6.

Bei der an der Universität Texas in Dallas entwickelten UTD Anonymization Toolbox (utdallas.edu/dspl/cgi-bin/toolbox/) handelt es sich um eine
Sammlung von Java-Implementierungen bekannter Anonymisierungsalgorithmen
(Datafly, Mondrian Multidimensional k-Anonymity, Incognito mit Varianten für
l-Diversity und t-Closeness sowie Anatomy). Die Parameter, welche zur Umsetzung der Anonymisierung erforderlich sind, sowie die Generalisierungshierarchien der Quasi-Identifikatoren werden in einer XML[9]-Konfigurationsdatei definiert. Eingangs- und Ausgabedaten werden ausschließlich von CSV[10]-Textdateien
unterstützt. Aufgrund einer sequenziellen Verarbeitung der Daten sowie der
Ladung aller Eingangsdaten in eine eingebettete Datenbank ist die Verarbeitung
großer Datenmengen nicht möglich und die Toolbox kann aufgrund fehlender
Plattformunabhängigkeit nicht in jedem System eingesetzt werden.[11]

Mit dem an der Universität Cornell entwickelten Cornell Anonymization Toolkit (CAT, sourceforge.net/projects/anony-toolkit/) können wie bei dem Anonymization Tool ARX mithilfe einer grafischen Benutzeroberfläche die Daten
interaktiv analysiert und anonymisiert werden, wie z. B. die Erstellung von Grafiken zur Evaluierung der Nützlichkeit der Daten oder zur Abschätzung des
Risikos vor bestimmten Angriffen. Bei den Eingangsdaten müssen die Werte
der Einträge numerisch codiert sein, wobei die Zuordnung der Werte zu den
Codes in einer Metadatendatei erfolgt. Da sowohl numerische als auch kategoriale
Attribute behandelt werden, muss für jedes Attribut eine Hierarchiedatei erstellt
werden. Als Anonymisierungstechnik wird die Generalisierung mit den Kriterien
l-Diversity und t-Closeness unter dem Algorithmus Incognito verwendet.[12]

Im Rahmen eines Forschungsprojekts der Technologie- und Methodenplatt-
form für die vernetzte medizinische Forschung e. V. (TMF) an der Universität
Klagenfurt wurde das ANON-Tool (Java-Anwendung) entwickelt (tmf-ev.de/The
men/Projekte/V08601_AnonTool.aspx). Eingangs- und Ausgabedaten können in
den Formaten XML und CSV vorliegen oder über eine JDBC[13]-Verbindung aus
einer Datenbank gelesen werden. Die Parameter, welche zur Umsetzung der
Anonymisierung erforderlich sind, sowie die Generalisierungshierarchien werden
in einer XML-Datei definiert. Das Tool kann als Java-Anwendung ausgeführt oder

---

[9] eXtensible Markup Language.

[10] Comma-separated Values: Dateiformat für einfache Datenstrukturen.

[11] Vgl. Bender (2015) S. 48.

[12] Vgl. Bender (2015) S. 48 f.

[13] Java Database Connectivity.

als Applikation in einen GlassFish-Anwendungsserver geladen werden. Das Verfahren der Generalisierung kann die Kriterien der k-Anonymity und l-Diversity verwenden.[14]

Die Software TIAMAT (Tool for Interactive Analysis of Microdata Anonymization Techniques) und SECRETA (System for Evaluating and Comparing RElational and Transaction Anonymization), welche nicht öffentlich verfügbar sind, wurden entwickelt, um verschiedene Anonymisierungsverfahren miteinander vergleichen zu können. TIAMAT bewertet die Nutzbarkeit von Verfahren für gegebene Datensätze, welche die k-Anonymität sicherstellen. Während TIAMAT nur Mikrodaten einlesen und ausgeben kann, behandelt SECRETA auch Transaktionsdaten. Als Algorithmen werden Mondrian und k-Member (TIAMAT) respektive Incognito, Top-Down- und Bottom-Up implementiert.[15] Die öffentlich zugängliche Software Anamnesia speichert Dateien mit persönlichen Daten (Originaldatensatz) und transformiert sie in einen anonymen Datensatz, welcher lokal gespeichert werden kann. Als Garantien werden die k-Anonymity und km-Anonymity verwendet (amnesia.openaire.eu/about-documentation.html).

Im Rahmen der statistischen Datenbanken wurde das Framework μ-ARGUS im Projekt CASC (Computational Aspects of Statistical Confidentiality) des fünften EU-Rahmenprogramms entwickelt. Die Anwendung ist sowohl auf Windows als auch auf Linux/Unix-basierten Betriebssystemen lauffähig. μ-ARGUS wurde für statistische Daten entwickelt und verwendet daher u. a. das Verfahren der Perturbation (Randomisierung) sowie Verfahren, welche künstliche Werte erzeugen (Datensynthese). Das Softwarepaket sdcMicro (Statistical Disclosure Control for Microdata) unterstützt ähnliche Verfahren und ist nur mit der Statistiksoftware R, einer freien, objektorientierten high-level Programmiersprache für Computerstatistik und Grafiken, einsetzbar.[16] Damit lassen sich flexibel explorativ anonymisierte Mikrodatensätze erzeugen.[17]

Das als Open Source verfügbare ARX Data Anonymization Tool wurde an der Technischen Universität München (TUM) entwickelt und wird kontinuierlich erweitert (arx.deidentifier.org). Es legt den Fokus auf die Anonymisierung statistischer strukturierter Mikrodaten, insbesondere aus dem medizinischen Bereich,

---

[14] Vgl. Bender (2015) S. 49.

[15] Vgl. Bender (2015) S. 50.

[16] Vgl. Bender (2015) S. 50.

[17] Vgl. Meindl/Templ (2008) S. 2.

unter der Verwendung ausgewählter Methoden.[18] Dabei unterstützt ARX Kombinationen von Modellen der Privatheit und Datenanonymisierungstechniken. Im Rahmen der Modelle der Privatheit sind dies syntaktische Modelle der k-Anonymity, l-Diversity, t-Closeness, δ-Disclosure Privacy, β-Likeness und δ-Presence (vgl. Abschn. 6.2), statistische Modelle zum Schutz der Privatsphäre, wie k-map, Schwellenwerte für das durchschnittliche Risiko und auf Superpopulationsmodellen basierende Methoden, semantische Modelle der Privatheit, wie (ε, δ)-Differential Privacy (vgl. Abschn. 6.3), sowie ein spieltheoretischer De-Identifizierungsansatz. Zu den Datenanonymisierungstechniken gehören globale und lokale Transformationsschemata, Zufallsstichproben, Generalisierung (Vergröberung) von Attributwerten, Unterdrückung von Datensätzen, Attributen und Zellen, Mikroaggregation (Clustering), Top- und Bottom-Coding sowie Kategorisierung (vgl. Abschn. 6.1). Zu den unterstützten Datenqualitätsmodellen und Zielfunktionen zählen zellorientierte Modelle, die Datengranularität und Transformationsgrade messen, attributorientierte Modelle, welche Abweichungen in Wertverteilungen quantifizieren, datensatzorientierte Allzweckmodelle, welche den Grad der Eindeutigkeit und Mehrdeutigkeit von Datensätzen quantifizieren, sowie workload-orientierte Modelle, welche den Nutzen des Datenherausgebers und die Eignung der Ausgabedaten als Trainingsmenge für den Aufbau von Klassifikationsmodellen messen (arx.deidentifier.org/overview/).[19] Im Rahmen der Datenanonymisierung ist es wesentlich, zwischen Modellen der Privatheit, Transformationsmodellen, Nutzwertmodellen und Anonymisierungsalgorithmen zu unterscheiden.[20]

ARX wurde u. a. in einem Leitfaden der Agentur der Europäischen Union für Cybersicherheit (European Union Agency for Cybersecurity, ENISA) über Methoden zur Umsetzung der Grundsätze des „Privacy by Design" angeführt und findet auch Beachtung in Dokumenten im Bereich Datenschutz und Anonymisierung von Ministerien verschiedener europäischer und asiatischer Länder. Darüber hinaus wurde die Software im Rahmen der wissenschaftlichen Datenverwaltung in die Software verschiedener Universitäten, u. a. in München (LMU) und Kassel, wie auch in das Big-Data-Processing-Framework KNIME (vgl. Abschn. 3.5.1) integriert. Einer der Kernalgorithmen von ARX wurde für die Entwicklung der

---

[18] Vgl. Prasser/Kohlmayer u. a. (2014); Prasser/Kohlmayer (2015); Prasser/Eicher u. a. (2020).

[19] Vgl. Prasser/Kohlmayer (2015) S. 115 ff.; Prasser/Eicher u. a. (2020) S. 1280 ff. Tab. 1-2.

[20] Vgl. Prasser/Eicher u. a. (2020) S. 1280.

Software SAP HANA Data Anonymization verwendet. So bietet ARX auch die Grundlage zur Entwicklung neuer Datenanonymisierungsmethoden.[21] ARX wird als flexibles Tool mit einer einfach zu bedienenden Oberfläche beschrieben, wobei die von der Software implementierten Methoden aus mathematischer und statistischer Sicht komplex sind. So müssen im Rahmen der Anonymisierung die Risikomodelle kontextabhängig ausgewählt und die Risiken reduziert werden, um die Daten zuverlässig schützen zu können. Zudem muss der Verwendungszweck eines Datensatzes geklärt sein, um die Nützlichkeit der anonymisierten Daten sicherzustellen. Derzeit bestehen noch einige Einschränkungen, welche zukünftig behoben werden sollen. So werden einige Methoden der Datenanonymisierungstools aus der Statistikgemeinschaft, wie z. B. von sdc-Micro, noch nicht unterstützt, wie u. a. Methoden zur Berücksichtigung der Auswirkungen komplexer Stichprobendesigns auf Re-Identifikationsrisiken bei der Anonymisierung von Daten oder zur Berechnung der Häufigkeit von Datensätzen für die Risikoabschätzung. Dies liegt in der ursprünglichen Entwicklung der Software begründet, da solche Techniken des Datenschutzes des Gesundheitswesens nicht häufig eingesetzt werden. Zudem soll ARX mit Algorithmen, welche Transformationsmethoden verwenden, verglichen werden, wie u. a. zur Zellunterdrückung und für Methoden zur Aggregation kontinuierlicher Variablen. Darüber hinaus soll der Algorithmus der differentiellen Privatheit weiterentwickelt sowie weitere Transformationsmethoden und Anonymisierungstechniken in die Software integriert werden.[22]

10.3 Anonymisierungsverfahren in den Systemen der Unternehmen

Daten stellen für Unternehmen eine wertvolle Basis insbesondere für strategische Entscheidungen dar. Darüber hinaus sind Daten für innovative Technologien und künstliche Intelligenz (KI) erforderlich, welche Fortschritte u. a. in der Wirtschaft, Wissenschaft und öffentlichen Sicherheit ermöglichen. Um das Potenzial der Daten zu erschließen, müssen sie häufig veröffentlicht, mit Dritten geteilt oder für andere als die ursprünglichen Zwecke erhoben werden. Eine Veröffentlichung oder Weitergabe personenbezogener Daten kann allerdings die Privatsphäre verletzen, zumal gemäß der Datenschutz-Grundverordnung (DSGVO) personenbezogene Daten nur für vordefinierte und eingeschränkte Zwecke genutzt werden

---

[21] Vgl. Art. 25 (1–2) DSGVO (2016); Prasser/Eicher u. a. (2020) S. 1292.
[22] Vgl. Prasser/Eicher u. a. (2020) S. 1293.

dürfen. Neben organisatorischen Maßnahmen, welche eine angemessene Nutzung der Daten sicherstellen sollen, sowie durch die Anwendung von Maßnahmen zur Autorisierung und Authentifizierung gilt es darüber hinaus die Daten selbst zu schützen, um jeglichen Personenbezug auszuschließen, indem die Daten anonymisiert und somit die Risiken einer Re-Identifizierung auf ein akzeptables Minimum reduziert werden. Die bisherigen genutzten Systeme in den Unternehmen können oft nur eingeschränkt personenbezogene Daten entsprechend der DSGVO anonymisiert verarbeiten, insbesondere wenn der Verwendungszweck von der ursprünglichen Datenerhebung abweicht und die betroffenen Personen einer weiteren Nutzung nicht zugestimmt haben respektive eine Einwilligung nicht beigebracht werden kann.[23]

In der Forschung wird seit ca. zwei Jahrzehnten die Anonymisierung personenbezogener Daten untersucht, woraus die beiden wesentlichen Modelle der k-Anonymität (k-Anonymity) und der differentiellen Privatheit (Differential Privacy) entstanden sind. So basiert das Modell der k-Anonymität, welches Aussagen über anonymisierte Datensätze ermöglicht, auf den für die Analyse notwendigen Quasi-Identifikatoren, welche nicht gelöscht werden dürfen, um den Datenbestand noch nutzbar zu halten. Quasi-Identifikatoren ermöglichen allerdings eine Re-Identifikation, welche sich verhindern lässt, wenn im Datenbestand mehrere Personen dieselben Attribute aufweisen, sodass eine eindeutige Zuordnung nicht mehr möglich und die k-Anonymität erreicht ist. Hiernach gilt ein Datenbestand dann als k-anonym, wenn mindestens k-Personen sich bezüglich der Quasi-Identifikatoren nicht unterscheiden lassen. Bei dem Modell der Differential Privacy werden die Resultate um Zufallszahlen ergänzt. Die Addition der Zufallszahlen auf die Originaldaten wird als local differential privacy bezeichnet, weil sie lokal auf einem Datensatz angewendet wird.[24]

Um die Anonymisierung von Daten in Unternehmen umzusetzen, müssen die Anonymisierungsverfahren in die vorhandenen Systeme integriert werden. Hierbei gilt es u. a. zu klären, auf welcher Ebene in der Unternehmens-IT-Architektur die Anonymisierungsverfahren implementiert werden müssen und wie die Anonymisierung für die verarbeitenden Applikationen möglichst transparent erfolgen kann. Zudem gilt es, ein Gleichgewicht zwischen dem Datenschutz und der Datennutzung zu erzielen. Nach Angaben von SAP stellt SAP HANA das erste Datenmanagementprodukt dar, welches den Datenschutz in Unternehmen durch einen integrierten und domänenunabhängigen Ansatz umsetzt und über gängige

---

[23] Vgl. Kessler/Hoff/Freytag (2019) S. 1998; Kessler (2020); Prasser/Eicher u. a. (2020) S. 1278.

[24] Vgl. Kessler/Hoff/Freytag (2019) S. 2001 f.; Kessler (2020).

Sicherheitsmaßnahmen, wie Authentifizierung, Autorisierung und Datenmaskierung, hinausgeht. Darüber hinaus können datenschutzfreundliche Techniken in die SAP-Geschäftsdatenplattform HANA (SAP HANA 2.0 SPS03, Stand: 2018) integriert werden.[25]

Gemäß der DSGVO kann der Auftragsverarbeiter nicht direkt auf die Datenbank mit den personenbezogenen Daten zugreifen, sondern die Daten werden ihm von dem Verantwortlichen, welcher die Daten verwaltet, in anonymisierter Form bereitgestellt. Der Verantwortliche hat die Daten im Unternehmen zu schützen und zu sichern und Sorge dafür zu tragen, dass sie rechtskonform verarbeitet werden. Er anonymisiert die personenbezogenen Daten, welche analysiert werden sollen, und stimmt sich hierfür mit dem Datenschutzbeauftragten über die Datennutzung ab. Das Anonymisierungsverfahren lässt sich am besten in die Datenhaltungsschicht (Datenbanksysteme) integrieren, worauf der Datenverantwortliche zugreifen kann und wodurch keine Originaldaten in externe Systeme abwandern. Zudem erhält der Datenschutzbeauftragte durch die zentralisierte Lösung aus dem herausgebenden System Informationen über die Anonymisierungskonfigurationen und kann den Überblick der Daten bewahren.[26]

Um mit den anonymisierten Daten arbeiten zu können, ohne hierfür Anpassungen vornehmen zu müssen, werden, wie z. B. bei SAP HANA Data Anonymization, View-Konzepte relationaler Datenbanken (SQL[27]-Views), eine externe Darstellung von Daten, welche in einer anderen Quelle vorliegen, verwendet, mit denen sich die Ergebnisse einer Anonymisierung abstrahieren lassen. Open Source-Programmiersprachen, wie z. B. R und Python, können Standard-Datenbankentitäten, wie z. B. anonymisierte Views, berücksichtigen. SQL-Views lassen keine Rückschlüsse auf einzelne Personen zu und der Bezug in der ursprünglichen Datenschicht bleibt erhalten. Dabei speichert SAP HANA verschiedene Metadaten, anhand derer Anonymisierungen möglich sind. Bei Anfragen durch den Verarbeiter auf die Privacy Views werden die Originaldaten anonymisiert, während die Metadaten bestehen bleiben, sodass der Datenschutzbeauftragte Einsicht in Verfahren und Parameter erhält, welcher der Verantwortliche zuvor konfiguriert hat, und Anpassungen anfordern kann. Privacy Views speichern weder sensible noch anonymisierte Daten und spiegeln den aktuellen Stand der Originaldaten wider. Dabei muss der Anwender wissen, ob sich die zugrunde liegenden Originaldaten verändert haben bzw. ob sie

---

[25] Vgl. Kessler/Hoff/Freytag (2019) S. 1999, S. 2002 f.; Kessler (2020).

[26] Vgl. Kessler/Hoff/Freytag (2019) S. 1999 f. Abb. 1; Kessler (2020).

[27] Structured Query Language.

hinsichtlich des Datenschutzes bereits anonymisiert sind oder sich noch anonymisieren lassen. Diese Veränderungen sind nicht leicht feststellbar, da sich die Originaldaten nicht nur aus beliebigen Quellen zusammensetzen, sondern auch aus diversen Datenbanken stammen können. So generieren Anonymisierungsverfahren für jeden personenbezogenen Eintrag eine individuelle Sequenznummer (Zahl), welche sich mit neuen oder veränderten Datensätzen weiter erhöht. Die Metadaten beinhalten als Informationen die höchste Sequenznummer und die Anzahl der Gesamtzeilen einer Ausgangsrelation. Sobald eine erneute Abfrage auf R erfolgt, werden die höchste Sequenznummer und die Zeilenanzahl der aktuellen Version von R mit den gespeicherten Versionen verglichen und sofern sie Unterschiede zur letzten Abfrage aufweisen, ist R verändert worden. Das Anonymisierungssystem erzeugt zunächst von den unbekannten Originaldaten initiale Metadaten und speichert diese ab. Bei der k-Anonymität legt das System eine optimale Generalisierung fest, sodass möglichst wenige Informationen verlorengehen, welche in den Metadatenspeicher für spätere Anfragen abgelegt wird, während bei der Local Differential Privacy die Erzeugung von Zufallszahlen festgelegt und gespeichert wird. Sobald sich die Daten in R verändert haben, überprüft das System, ob die Datenschutzvorgaben weiterhin eingehalten werden und zeigt bei Bedarf eine Fehlermeldung an. Anhand der gespeicherten Metadaten werden die Daten aus R anonymisiert, indem bei der k-Anonymität Werte aus R generalisiert und bei der Local Differential Privacy Zufallszahlen auf Originalwerte aus R addiert werden.[28]

---

[28] Vgl. Kessler/Hoff/Freytag (2019) S. 2000 ff., S. 2002 ff.; Kessler (2020).

Fazit und Ausblick

11

Im Zuge der fortschreitenden Digitalisierung ist ein verantwortungsvoller Umgang mit den Daten, welche digital erfasst, gespeichert, ausgetauscht und verarbeitet werden können, verstärkt in den Fokus der Betrachtung gerückt und stellt eine der größten Herausforderungen der heutigen Gesellschaft dar. Hierfür ist für jeden in der Gesellschaft ein grundlegendes Verständnis für die digitale Verarbeitung von Daten notwendig, da jeder bei der Anwendung digitaler Technologien Daten produziert, welche gespeichert und weiterverarbeitet werden können.[1] So wurde im Rahmen des Projekts „Made to Measure" (www.madetomeasure.online) von der Künstlergruppe Laokoon am Beispiel einer jungen Frau aufgezeigt, wie anhand ihrer personenbezogenen Daten, welche Google durch Sucheinträge die letzten fünf Jahre gesammelt hat, ihr Leben in einem Zeitraum von fünf Jahren komplett rekonstruiert werden konnte. Die Daten der Google-Sucheinträge wurden vom Unternehmen in anonymisierter Form und durch die Einwilligung der jungen Frau herausgegeben, wobei es sich um 100.000 Datenpunkte innerhalb der letzten fünf Jahre gehandelt hat. Diese von Google gesammelten Daten werden vermarktet, wobei Gesetzeslücken und Korrelationen in den Daten ausgenutzt werden.[2]

Der europäische Datenschutz hat immer zwei Richtungen fokussiert. Dies ist zum einen der Schutz der Privatheit und zum anderen der Zugang von wichtigen Informationen für alle Menschen, sodass keine Informationsasymmetrien entstehen, indem nur wenige den Zugriff auf die relevanten Informationen haben, wodurch dem Datenschutz in der digitalen Gesellschaft und Wirtschaft eine besondere Bedeutung zukommt.[3] So hat der Europäische Gerichtshof (EuGH)

---

[1] Vgl. Engels (2020) S. 363.

[2] Vgl. Terrasse/Gerk (2021).

[3] Vgl. Bitkom (2021); Ramge/Rabhansl (2021).

© Green Excellence GmbH 2022

149

H.-A. Krebs und P. Hagenweiler, *Datenanonymisierung im Kontext von Künstlicher Intelligenz und Big Data*, https://doi.org/10.1007/978-3-658-37588-1_11

im Juli 2020 den EU-US Privacy Shield (EU-US-Datenschutzschild), einer Absprache zwischen den USA und der EU, wonach die USA im Rahmen von Datenübermittlungen einen Datenschutz zugesichert haben, der durch die EU durch einen Angemessenheitsbeschluss auf der Basis eines angemessenen Schutzniveaus erlassen wurde, für ungültig erklärt. Hiernach dürfen Übermittlungen von personenbezogenen Daten in die USA auf dieser Basis nicht mehr erfolgen, da die Zugriffsmöglichkeiten der US-Behörden den Anforderungen an den europäischen Datenschutz widersprechen und der Rechtsschutz der Betroffenen nicht ausreichend ist. Anstelle dessen treten neben der Einwilligung der betroffenen Personen insbesondere die sog. EU-Standarddatenschutzklauseln oder Binding Corporate Rules (verbindliche interne Datenschutzvorschriften). Das Urteil des EuGHs beschränkt sich nicht nur auf die Datenflüsse zwischen Europa und den USA, sondern auch auf China, Russland oder Indien. Insbesondere hat diese Entscheidung auch Auswirkungen auf die Nutzung von Cloud-Diensten in den USA, womit personenbezogene Daten übermittelt werden, sodass ein Wechsel zu Dienstleistern der EU oder in Ländern mit einem angemessenen Datenschutzniveau notwendig geworden ist.[4]

Im Rahmen einer telefonischen Umfrage, welche Bitkom Research im Auftrag des Digitalverbands Bitkom 2021 durchgeführt hat, wurden 502 Unternehmen mit 20 und mehr Beschäftigen in Deutschland hinsichtlich des Datenschutzes (DSGVO und internationale Transfers) befragt. Hieraus geht hervor, dass neben dem Aufwand, den die Umsetzung der DSGVO in Unternehmen erfordert, Innovationsprojekte durch die Vorgaben oder Unklarheiten im Umgang mit der DSGVO blockiert werden. Dies sind insbesondere der Aufbau von Datenpools (54 %), Projekte zur Verbesserung der Datennutzung und der Einsatz neuer Technologien, wie künstliche Intelligenz (KI) oder Big Data (je 36 %), sowie der Einsatz von Cloud-Diensten (33 %).[5]

Internationale Datentransfers haben für die deutsche Wirtschaft eine große Bedeutung, wobei über die Hälfte der von Bitkom befragten Unternehmen Daten in die USA (52 %), etwas mehr als ein Drittel nach Großbritannien (35 %) sowie nach Russland (18 %), Indien (13 %), China (8 %), Japan (7 %) und Südkorea (4 %) übermitteln. Der Datentransfer außerhalb der EU erfolgt hauptsächlich durch die Nutzung von Cloud-Angeboten zur Speicherung von Daten (85 %), zwei Drittel der befragten Unternehmen (68 %) nutzen weltweit Dienstleister und mehr als die Hälfte (52 %) setzt Kommunikationssysteme ein. Darüber hinaus hat fast jedes fünfte der befragten Unternehmen (22 %) Standorte außerhalb

---

[4] Vgl. Theelen/Kleta u. a. (2021).
[5] Vgl. Bitkom (2021).

der EU und weitere 13 % arbeiten mit Partnern u. a. bei Forschung und Entwicklung zusammen. Ohne eine Verarbeitung personenbezogener Daten außerhalb der EU könnte ein großer Teil der befragten Unternehmen bestimmte Produkte und Dienstleistungen nicht mehr anbieten (62 %), es würden Wettbewerbsnachteile gegenüber Unternehmen aus Nicht-EU-Ländern (57 %) sowie höhere Kosten (54 %) entstehen und der globale Security-Support wegfallen (54 %). Darüber hinaus wird von den befragten Unternehmen mit einer Unterbrechung ihrer globalen Lieferketten (41 %) sowie mit Qualitätseinbußen bei eigenen Produkten und Dienstleistungen (39 %) gerechnet. Zudem müsste ein Drittel der befragten Unternehmen (31 %) ihre Konzernstruktur verändern, wobei auch das Zurückfallen der Unternehmen im Innovationswettbewerb (12 %) oder eine Einstellung der Geschäftstätigkeit (3 %) im Raum stehen könnten. In der Vergangenheit hat fast die Hälfte der Unternehmen auf Basis des Privacy Shield personenbezogene Daten in die USA transferiert (48 %). Anstelle dessen nutzen die befragten Unternehmen aktuell (2021) beim Datentransfer überwiegend Standardvertragsklauseln (84 %), ein Drittel der Unternehmen Binding Corporate Rules (34 %) und am wenigsten erfolgt der Transfer auf der Basis einer Einwilligung (12 %).[6]

In einer wissenschaftliche Studie wird gefordert, dass die Daten, welche durch die Interaktion mit anderen Daten entstanden sind, nicht ausschließlich bei den Betreibern der großen Digitalkonzerne verbleiben sollen, sondern der Zugang zu diesen Daten ist allen zugänglich zu machen, welche einen wesentlichen Beitrag zum Fortschritt leisten können, unabhängig davon, ob es sich dabei um Forscher und Forscherinnen, Konkurrenzunternehmen, Non-Profit-Organisationen oder Einzelpersonen handelt, jedoch unter dem Schutz der Privatheit. Allerdings bleibt mit jeder Schutzmaßnahme der Daten, auch durch die Anwendung der Anonymisierung, ein Restrisiko bestehen.[7] So fordern auch die meisten der durch Bitkom befragten Unternehmen nicht nur eine Anpassung der DSGVO (89 %) sowie eine stärkere Vereinheitlichung der europäischen Datenschutzvorgaben (68 %), sondern auch eine härtere Gangart gegenüber den USA bei den Verhandlungen zu internationalen Datentransfers (46 %).[8]

Darüber hinaus wird sich die Art der Sammlung, Speicherung und Verarbeitung von Daten aufgrund der immer umfangreicheren technischen Möglichkeiten verändern. So sind bereits heute automatisierte Gesichtserkennungen oder Mikrochips unter der Haut neue Formen der Datenerfassung, welche technisch möglich sind, aber immense Risiken, wie z. B. Fehler in der Erkennungssoftware oder

---

[6] Vgl. Bitkom (2021).
[7] Vgl. Ramge/Mayer-Schönberger (2020); Ramge/Rabhansl (2021).
[8] Vgl. Bitkom (2021).

ein unkontrollierter Zugriff auf personenbezogene Daten, mit sich bringen können. Auch würde eine Speicherung von Daten durch die Integration verschiedener
Datenbestände eine viel größere Wissensbasis für Analysealgorithmen und damit
die Erkennung bisher nicht identifizierter Zusammenhänge und Abhängigkeiten
ermöglichen, wie z. B. in der Gesundheitsforschung oder Kriminalitätsverfol-
gung. Allerdings kann die Nutzung der Daten nicht nur Unternehmens- und
Gesellschaftsstrukturen unterstützen, sondern sie auch kontrollieren.[9]

Als eine der wesentlichen Maßnahmen im Rahmen des Schutzes personenbezogener Daten gilt die Anonymisierung, welche aufgrund der technologischen
Entwicklungen, insbesondere der künstlichen Intelligenz (KI), weiter in den
Vordergrund rücken wird, um eine steigende Nutzung hochwertiger Daten zu
ermöglichen. Hierfür bedarf es der Entwicklung eines bisher fehlenden Standards
für das Vorgehen einer Anonymisierung. So spielen anonyme und anonymisierte
Daten eine wesentliche Rolle in der Forschung u. a. der Medizin, Demografie,
des Marketings, der Wirtschaft und der Statistik. Dabei ist die Gleichsetzung
der Pseudonymisierung mit der Anonymisierung, auch dadurch bedingt, dass die
Anonymisierung bei Nennung der technischen und organisatorischen Maßnahmen
in der Datenschutz-Grundverordnung (DSGVO) im Gegensatz zur Pseudonymisierung und Verschlüsselung nicht aufgeführt wird, eines der Missverständnisse
im Zusammenhang mit dem Verfahren der Anonymisierung. In diesem Kontext
haben daher der Europäische Datenschutzbeauftragte (European Data Protection
Supervisor, EDPS) und die spanische Datenschutz-Aufsichtsbehörde (Agencia
Española de Protección de Datos, AEPD) ein gemeinsames Papier über zehn
Missverständnisse im Zusammenhang mit der Anonymisierung herausgegeben.[10]
Diese Missverständnisse sind 1. „Pseudonymisierung bedeutet dasselbe wie
Anonymisierung", 2. „Verschlüsselung ist Anonymisierung", 3. „Anonymisierung
von Daten ist immer möglich", 4. „Anonymisierung ist für immer", 5. „An-
onymisierung reduziert immer die Wahrscheinlichkeit der Re-Identifikation eines
Datensatzes auf Null", 6. „Anonymisierung ist ein binäres Konzept, das nicht
gemessen werden kann", 7. „Anonymisierung kann vollständig automatisiert werden", 8. „Anonymisierung macht die Daten unbrauchbar", 9. „Wenn wir einem
Anonymisierungsprozess folgen, den andere erfolgreich eingesetzt haben, wird
unsere Organisation zu gleichwertigen Ergebnissen gelangen", 10. „Es besteht
kein Risiko und kein Interesse daran, herauszufinden, auf wen sich diese Daten
beziehen".[11]

---

[9] Vgl. Engels (2020) S. 369.
[10] Vgl. Mauß (2021); Data Agenda (2021); AEPD/EDPS (2021).
[11] Vgl. AEPD/EDPS (2021).

Um zukünftig Missverständnisse hinsichtlich des Einsatzes von Werkzeugen zum Schutz personenbezogener Daten zu vermeiden (Missverständnis 1., 2.), sind im Rahmen der Anonymisierung von Daten zunächst präzise Definitionen der Begriffe Personenbezug und Anonymität erforderlich, welche es in der Datenschutz-Grundverordnung (DSGVO) anzupassen gilt, um eine rechtliche Einordnung von Daten zweifelsfrei entscheiden und Anonymitätskriterien zur praktischen Prüfung von Daten messen zu können. Dies ist auch eine wesentliche Voraussetzung für technische Anonymitätskriterien, welche auf dieser Basis eine rechtliche Konformität garantieren können.[12] Darüber hinaus gilt es der Anonymisierung einen vergleichbaren Stellenwert wie der Pseudonymisierung und Verschlüsselung in der DSGVO einzuräumen. Bislang wird die Technik der Anonymisierung im Rahmen der technischen und organisatorischen Maßnahmen nicht aufgeführt. Dabei ist zu beachten, dass bei einer Anonymisierung der Daten stets ein Gleichgewicht zwischen einem Risiko der Re-Identifizierung und dem Erhalt eines nützlichen Datensatzes zu erzielen ist, wobei neben dem Erhalt der Datenqualität für den beabsichtigen Zweck fallspezifisch das Risiko einer Re-Identifizierung unter einen bestimmten Schwellenwert zu bringen ist, unter dem Aspekt, dass ein Restrisiko berücksichtigt werden muss (Missverständnisse 3., 5., 8., 9.). So kann in Abhängigkeit der Datenarten das Risiko nicht ausreichend reduziert werden, wenn z. B. die Datenmenge zu klein ist oder die Datenkategorien der Personen zu unterschiedlich sind, welche eine Identifizierung erleichtern. Dabei ist es möglich, den Grad der Anonymisierung zu analysieren und zu messen (Missverständnis 6.). So haben die Datensätze eine Wahrscheinlichkeit, wieder identifiziert zu werden, darauf basierend, inwieweit eine Möglichkeit der Re-Identifizierung besteht. Bei jedem Anonymisierungsverfahren wird das Risiko der Re-Identifizierung eingeschätzt, das kontinuierlich zu prüfen ist, da die Gefahr besteht, dass bestehende Anonymisierungsverfahren in Zukunft wieder rückgängig gemacht werden können. So können neue technische Entwicklungen, wie Verfahren unter dem Einsatz von künstlicher Intelligenz (KI), oder die Verfügbarkeit von zusätzlichen Informationen die eingesetzten Anonymisierungstechniken gefährden (Missverständnis 4.). Da personenbezogene Daten einen Wert für Dritte haben, besteht grundsätzlich die Gefahr, diese re-identifizieren zu wollen. Zudem kann es zu (unbeabsichtigten) Datenverstößen kommen oder eine Freigabe von Daten an die Öffentlichkeit erfolgen (Missverständnis 10.).[13]

---

[12] Vgl. Winter/Battis/Halvani (2019) S. 350; SIT (2020) S. 100.

[13] Vgl. AEPD/EDPS (2021).

Bislang fehlt es an Kriterien, womit überprüft werden kann, ob in den Daten ein Personenbezug vorliegt oder die Daten anonym sind. Ohne diese Überprüfbarkeit kann nicht garantiert werden, inwieweit die nach dem Stand der Technik anonymisierten Daten tatsächlich anonym sind. So geben die bisherigen Maße für den Grad der Anonymität von Datentabellen eine Vorstellung von Anonymität lediglich aus technischer Sicht wieder, welche auf einer bestimmten Art von Angriff und bestimmte Annahmen über die Daten basiert.[14] Im Weiteren ist eine Weiterentwicklung der Anonymitätskriterien erforderlich, welche insbesondere von den Entwicklern des Anonymisierungstools ARX vorangetrieben wird. Solche Kriterien existieren bislang hauptsächlich für tabellarische Daten, für unstrukturierte Daten fehlen diese hingegen gänzlich, und bei den meisten Kriterien fehlt es bislang an starken Garantien, sodass es Angreifern mit zusätzlichem Hintergrundwissen möglich ist, Informationen über konkrete Personen zu extrahieren.[15] Die bisher zur Verfügung stehende Software zur Anonymisierung von Daten ermöglicht keine vollständige Automatisierung der Anonymisierung, sondern dient zur Unterstützung des Anonymisierungsprozesses, der Analyse des Originaldatensatzes und seiner beabsichtigten Zwecke, der anzuwendenden Techniken und der Berechnung des Risikos der Re-Identifizierung der anonymisierten Daten (Missverständnis 7.).[16]

Zukünftige Anonymisierungskonzepte sind auf der Basis präziser Definitionen von Angreifermodellen und Anonymität unter der Angabe von Wissen, Fähigkeiten und Zielen der Angreifer zu entwickeln, um die Garantien und Grenzen dieser Konzepte zu visualisieren. Insbesondere der Schutz der Privatheit in Kombination mit dem maschinellen Lernen ist noch ein weitgehend unerforschtes Gebiet, das im Zuge der weiteren Entwicklung der künstlichen Intelligenz (KI) weitere Herausforderungen mit sich bringen wird. Während bei der Anonymisierung strukturierter Daten unter Berücksichtigung der Einschränkungen in Bezug auf Anonymitätsgarantien und Algorithmeneffizienz die Anonymisierung in der Praxis bereits möglich ist, befinden sich die anderen Bereiche der Anonymisierung noch in der Entwicklung und Konzeption respektive müssen über Forschungsprojekte einer Realisierung zugeführt werden.[17]

---

[14] Vgl. SIT (2020) S. 103.

[15] Vgl. Winter/Battis/Halvani (2019) S. 341, S. 350; SIT (2020) S. 103.

[16] Vgl. AEPD/EDPS (2021).

[17] Vgl. Winter/Battis/Halvani (2019) S. 341, S. 350; SIT (2020) S. 103.

Literatur

AEPD/EDPS (2021)

Agencia Española de Protección de Datos/European Data Protection Supervisor: 10 Misunderstandings related to anonymization. Brüssel/Madrid 2021. edps.europa.eu/system/files/2021–04/21–04–27_aepd-edps_anonymisation_en_5.pdf.

Art.-29-Datenschutzgruppe (2014)

Artikel-29-Datenschutzgruppe: Stellungnahme 5/2014 zu Anonymisierungstechniken. Angenommen am 10. April 2014. 0829/14/DE WP216. Brüssel 2014. datenschutz.hessen.de/sites/datenschutz.hessen.de/files/wp216_de.pdf.

Ballestrem/Bär u. a. (2020)

Ballestrem, Graf, Johannes/Bär, Ulrike/Gausling, Tina/Hack, Sebastian/von Oelffen, Sabine: Grundlagen: Rechtliche Einordnung der Thematik Künstliche Intelligenz/Maschinelles Lernen. In: Ballestrem, Graf, Johannes/Bär, Ulrike/Gausling, Tina/Hack, Sebastian/von Oelffen, Sabine: Künstliche Intelligenz. Rechtsgrundlagen und Strategien in der Praxis, S. 1 ff. Springer Gabler, Wiesbaden 2020.

Battis/Graner u. a. (2020)

Battis, Verena/Graner, Lukas/Steinebach, Martin/Aichroth, Patrick: Anonymisierung und Pseudonymisierung von Medieninhalten: Risiken und Gegenmaßnahmen. In: Anonymisierung und Pseudonymisierung von Daten für Projekte des maschinellen Lernens. Eine Handreichung für Unternehmen, S. 54 ff. Bitkom Bundesverband Informationswirtschaft, Telekommunikation und neue Medien e. V., Berlin 2020.

© Green Excellence GmbH 2022   155
H.-A. Krebs und P. Hagenweiler, *Datenanonymisierung im Kontext von Künstlicher Intelligenz und Big Data*, https://doi.org/10.1007/978-3-658-37588-1

Bauckhage/Hübner u. a. (2021)

Bauckhage, Christian/Hübner, Wolfgang/Hug, Ronny/Paaß, Gerhard/Rüping, Stefan: Grundlagen des Maschinellen Lernens. In: Görz, Günther/Schmid, Ute/Braun, Tanya (Hrsg.): Handbuch der Künstlichen Intelligenz, S. 429 ff. 6. Aufl. de Gruyter Oldenbourg, Berlin/Boston 2021.

BDSG (2021)

Bundesdatenschutzgesetz (BDSG): Bundesdatenschutzgesetz vom 30. Juni 2017 (BGBl. I S. 2097), das durch Artikel 10 des Gesetzes vom 23. Juni 2021 (BGBl. I S. 1858) geändert worden ist. www.gesetze-im-internet.de/bdsg_2018/BDSG.pdf.

Beierle/Kern-Isberner (2019)

Beierle, Christoph/Kern-Isberner, Gabriele: Methoden wissensbasierter Systeme. Grundlagen, Algorithmen, Anwendungen. 6. Aufl. Springer Vieweg, Wiesbaden 2019.

Bender (2015)

Bender, Andreas: Anwendbarkeit von Anonymisierungstechniken im Bereich Big Data. Masterarbeit, KIT Karlsruhe 2015.

BfDI (2020)

Der Bundesbeauftragte für den Datenschutz und die Informationsfreiheit: Positionspapier zur Anonymisierung unter der DSGVO unter besonderer Berücksichtigung der TK-Branche. Bonn, Stand: 06/2020. www.bfdi.bund.de/SharedDocs/Downloads/DE/Konsultationsverfahren/1_Anonymisierung/Positionspapier-Anonymisierung.pdf?__blob=publicationFile&v=4.

Bitkom (2021)

Bitkom Bundesverband Informationswirtschaft, Telekommunikation und neue Medien e. V.: Datenschutz setzt Unternehmen unter Dauerdruck. Berlin, 15.09.2021. www.bitkom.org/Presse/Presseinformation/Datenschutz-setzt-Unternehmen-unter-Dauerdruck. Aufruf am 22.09.2021.

Bitkom/DFKI (2017)

Bitkom Bundesverband Informationswirtschaft, Telekommunikation und neue Medien e. V. /DFKI Deutsches Forschungszentrum für Künstliche Intelligenz GmbH (Hrsg.): Künstliche Intelligenz. Wirtschaftliche Bedeutung, gesellschaftliche Herausforderungen, menschliche Verantwortung. Berlin/Kaiserslautern 2017.

Bleckat (2020)

Bleckat, Alexander: Anwendbarkeit der Datenschutzgrundverordnung auf künstliche Intelligenz. Datenschutz und Datensicherheit 44,3, 2020, S. 194 ff.

BMWi (2020)

Bundesministerium für Wirtschaft und Energie (BMWi): Datenmarktplätze in Produktionsnetzwerken. Impulspapier. Plattform Industrie 4.0. Berlin: Stand 05/2020. www.bmwi.de/Redaktion/DE/Publikationen/Industrie/industrie-4-0-impulspapier-datenmarktplaetze-in-produktionsnetzwerken.pdf?__blob=publicationFile&v=10.

Braun/Follwarczny (2021)

Braun, Simone/Follwarczny, Dan: KI-Projekte – diese Rolle spielt die Datenqualität. Big-Data Insider, 13.01.2021. www.bigdata-insider.de/ki-projekte-diese-rolle-spielt-die-datenqualitaet-a-984974/. Aufruf am 25.06.2021.

Bretthauer (2017)

Bretthauer, Sebastian: Intelligente Videoüberwachung. Eine datenschutzrechtliche Analyse unter Berücksichtigung technischer Schutzmaßnahmen. Frankfurter Studien zum Datenschutz 50. Dissertation, Universität Frankfurt am Main. Nomos, Frankfurt 2017.

Brühl (2019)

Brühl, Volker: Big Data, Data Mining, Machine Learning und Predictive Analytics – ein konzeptioneller Überblick. CFS Working Paper Series Nr. 617, 2019, 1 ff.

BStatG (2021)

Gesetz über die Statistik für Bundeszwecke (Bundesstatistikgesetz – BStatG): Bundesstatistikgesetz in der Fassung der Bekanntmachung vom 20. Oktober 2016 (BGBl. I S. 2394), das zuletzt durch Artikel 2 des Gesetzes vom 14. Juni 2021 (BGBl. I S. 1751) geändert worden ist. www.gesetze-im-internet.de/bstatg_1987/BStatG.pdf.

Bundesregierung (2018)

Die Bundesregierung: Strategie Künstliche Intelligenz der Bundesregierung. Berlin, Stand: 11/2018. www.bundesregierung.de/resource/blob/997532/1550276/3f7d3c41c6e05695741273e78b8039f2/2018-11-15-ki-strategie-data.pdf?download=1.

Buxmann/Schmidt (2019)

Buxmann, Peter/Schmidt, Holger: Grundlagen der Künstlichen Intelligenz und des Maschinellen Lernens. In: Buxmann, Peter/Schmidt, Holger (Hrsg.): Künstliche Intelligenz. Mit Algorithmen zum wirtschaftlichen Erfolg, S. 3 ff. Springer Gabler, Berlin 2019.

Cleve/Lämmel (2016)

Cleve, Jürgen/Lämmel, Uwe: Data Mining. 2. Aufl. De Gruyter Oldenbourg, Berlin/Boston 2016.

Data Agenda (2021)

Datakontext GmbH: 10 Missverständnisse zum Thema „Anonymisierung". Data Agenda, 24. 05.2021. dataagenda.de/10-missverstaendnisse-zum-thema-anonymisierung/. Aufruf am 22.09.2021.

Dengel (2012)

Dengel, Andreas (Hrsg.): Semantische Technologien. Grundlagen – Konzepte – Anwendungen. Spektrum, Heidelberg 2012.

Desoi (2018)

Desoi, Bernd Uwe: Big Data und allgemein zugängliche Daten im Krisenmanagement. Exemplarische technische und normative Gestaltung von Analysen zur Entscheidungsunterstützung. Springer Vieweg, Wiesbaden 2018.

Dewes/Steinebach u. a. (2020)

Dewes, Andreas/Steinebach, Martin/Aichroth, Patrick/Winter, Christian/Kämpgen, Benedikt: Technische Werkzeuge für die Anonymisierung und Pseudonymisierung von Daten. In: Anonymisierung und Pseudonymisierung von Daten für Projekte des maschinellen Lernens. Eine Handreichung für Unternehmen, S. 8 ff. Bitkom Bundesverband Informationswirtschaft, Telekommunikation und neue Medien e. V., Berlin 2020.

DIN EN ISO/IEC 29100 (2020)

DIN EN ISO/IEC 29100:2020–09: Informationstechnik – Sicherheitsverfahren – Rahmenwerk für Datenschutz (ISO/IEC 29100:2011, einschließlich Amd 1:2018). www.beuth.de/de/norm/din-en-iso-iec-29100/325198919. Aufruf am 02.07.2021.

Dorschel (2015)

Dorschel, Joachim (Hrsg.): Praxishandbuch Big Data. Wirtschaft – Recht – Technik. Springer Gabler, Wiesbaden 2015.

DSGVO (2016)

Datenschutz-Grundverordnung (DSGVO): Verordnung (EU) 2016/679 des Europäischen Parlaments und des Rates vom 27. April 2016 zum Schutz natürlicher Personen bei der Verarbeitung personenbezogener Daten, zum freien Datenverkehr und zur Aufhebung der Richtlinie 95/46/EG (Datenschutz-Grundverordnung). eur-lex.europa.eu/legal-content/DE/TXT/PDF/?uri=CELEX:32016R0679.

DSK (2018)

Datenschutzkonferenz: Kurzpapier Nr. 18. Risiko für die Rechte und Freiheiten natürlicher Personen. Ansbach, Stand: 04/2018. www.datenschutzzentrum.de/uploads/dsgvo/kurzpapiere/DSK_KPNr_18_Risiko.pdf.

Ebers/Heinze/Krügel/Steinrötter (2020)

Ebers, Martin/Heinze, Christian/Krügel, Tina/Steinrötter, Björn (Hrsg.): Künstliche Intelligenz und Robotik. Rechtshandbuch. Beck, München 2020.

Eckardt (2021)

Eckardt, Stefanie: No-Code AI. BMW veröffentlicht KI-Algorithmen zur Anonymisierung. Elektronik, 12.04.2021. www.elektroniknet.de/automotive/wirtschaft/bmw-veroef
fentlicht-ki-algorithmen-zur-anonymisierung.185319.html. Aufruf am 02.07.2021.

Engels (2020)

Engels, Gregor: Der digitale Fußabdruck, Schatten oder Zwilling von Maschinen und Menschen. Gruppe. Interaktion. Organisation. Zeitschrift für Angewandte Organisationspsychologie 51, 2020, S. 363 ff.

EU (2010)

Charta der Grundrechte der Europäischen Union: (2010/C 83/02). Amtsblatt der Europäischen Union Nr. C 83/391 vom 30.03.2010. Brüssel 2010. www.europarl.europa.eu/ger
many/resource/static/files/europa_grundrechtecharta/_30.03.2010.pdf.

EU Verordnung (2018)

VERORDNUNG (EU) 2018/858 DES EUROPÄISCHEN PARLAMENTS UND DES RATES vom 30. Mai 2018 über die Genehmigung und die Marktüberwachung von Kraftfahrzeugen und Kraftfahrzeuganhängern sowie von Systemen, Bauteilen und selbstständigen technischen Einheiten für diese Fahrzeuge, zur Änderung der Verordnungen (EG) Nr. 715/2007 und (EG) Nr. 595/2009 und zur Aufhebung der Richtlinie 2007/46/EG. eur-lex.europa.eu/legal-content/DE/TXT/PDF/?uri=CELEX:32018R0858f&from=DE.

Falck/Koenen (2020)

Falck, Oliver/Koenen, Johannes: Rohstoff „Daten": Volkswirtschaftlicher Nutzen von Datenbereitstellung – eine Bestandsaufnahme. ifo Forschungsberichte 113. ifo Institut – Leibniz-Institut für Wirtschaftsforschung an der Universität München e. V., München 2020.

Fischer-Stabel (2018)

Fischer-Stabel, Peter: Datenvisualisierung. Vom Diagramm zur Virtual Reality. UVK, München 2018.

Franz/Tremmel/Kruse (2018)

Franz, Klaus/Tremmel, Tanja/Kruse, Eckehard: Basiswissen Testdatenmanagement: Aus- und Weiterbildung zum Test Data Specialist: Certified Tester Foundation Level nach GTB. dpunkt, Heidelberg 2018.

Gausling (2020)

Gausling, Tina: KI und DS-GVO im Spannungsverhältnis. In: Ballestrem, Graf, Johannes/Bär, Ulrike/Gausling, Tina/Hack, Sebastian/von Oelffen, Sabine: Künstliche Intelligenz. Rechtsgrundlagen und Strategien in der Praxis, S. 11 ff. Springer Gabler, Wiesbaden 2020.

Geiger/Rapp/Sampath (2020)

Geiger, Bernd/Rapp, Hermann/Sampath, Narayanan: Semantische Anonymisierung sensibler Daten mit inferenzbasierter KI und aktiven Ontologien. In: Anonymisierung und Pseudonymisierung von Daten für Projekte des maschinellen Lernens. Eine Handreichung für Unternehmen, S. 82 ff. Bitkom Bundesverband Informationswirtschaft, Telekommunikation und neue Medien e. V., Berlin 2020.

Geminn (2021)

Geminn, Christian L.: Datenschutz bei Sprachassistenten. Herausforderungen heute und morgen. Datenschutz und Datensicherheit 45,8, 2021, S. 509 ff.

GI (2020)

Gesellschaft für Informatik. Fachbereich Sicherheit – Schutz und Zuverlässigkeit (GI): Stellungnahme: Anonymisierung unter der DSGVO. Stellungnahme des Fachbereiches Sicherheit der Gesellschaft für Informatik e. V. (GI) zum Konsultationsverfahren des Bundesbeauftragten für den Datenschutz und die Informationsfreiheit (BfDI). Bonn/Berlin, Stand: 03/2020.

fb-sicherheit.gi.de/fileadmin/FB/SICHERHEIT/Stellungnahmen/Stellungnahme_FB-Sicher
heit_BfDI-Konsultationsverfahren_Anonymisierung2020.pdf.

Gluchowski/Chamoni (2016)

Gluchowski, Peter/Chamoni, Peter (Hrsg.): Analytische Informationssysteme. Busi-
ness Intelligence-Technologien und -Anwendungen. 5. Aufl. Springer Gabler,
Berlin/Heidelberg 2016.

GMDS (2018)

Deutsche Gesellschaft für Medizinische Informatik, Biometrie und Epidemiologie e. V.
(GMDS): Arbeitshilfe zur Pseudonymisierung/Anonymisierung. Arbeitsgruppe Datenschutz. Köln, Stand: 06/2018. www.gesundheitsdatenschutz.org/download/Pseudonymisi
erung-Anonymisierung.pdf.

Götz/Piazza/Bodendorf (2021)

Götz, René/Piazza, Alexander/Bodendorf, Freimut: Entscheidungsunterstützung im Online-
Handel. In: D´Onofrio, Sara/Meier, Andreas (Hrsg.): Big Data Analytics. Grundlagen,
Fallbeispiele und Nutzungspotenziale, S. 95 ff. Springer Vieweg, Wiesbaden 2021.

Gumz/Weber/Welzel (2019)

Gumz, Jan Dennis/Weber, Mike/Welzel, Christian: Anonymisierung: Forschung für
den digitalen Staat. Schutzziele und Techniken. Kompetenzzentrum Öffentliche
IT/Fraunhofer-Institut für Offene Kommunikationssysteme FOKUS, Berlin 2019.
https://cdn0.scrvt.com/fokus/784daae14fc72f91/bcebf7142066/Anonymisierung---Sch
utzziele-und-Techniken.pdf.

Haun (2014)

Haun, Matthias: Cognitive Computing. Steigerung des systemischen Intelligenzprofils.
Springer Vieweg, Berlin/Heidelberg 2014.

Hilbert/Neukart u. a. (2019)

Hilbert, Marc/Neukart, Florian/Ringlstetter, Christoph/Seidel, Christian/Sichler, Barbara: KI-Innovation über das autonome Fahren hinaus. In: Buxmann, Peter/Schmidt, Holger (Hrsg.): Künstliche Intelligenz. Mit Algorithmen zum wirtschaftlichen Erfolg, S. 173 ff. Springer Gabler, Berlin 2019.

Hölzel (2018)

Hölzel, Julian: Anonymisierungstechniken und das Datenschutzrecht. Datenschutz und Datensicherheit 45,8, 2018, S. 502 ff.

Hornung/Schindler (2021)

Hornung, Gerrit/Schindler, Stephan: Datenschutz bei der biometrischen Gesichtserkennung. Datenschutz und Datensicherheit 45,8, 2021, S. 515 ff.

Huber (2018)

Huber, Walter: Industrie 4.0 kompakt – Wie Technologien unsere Wirtschaft und unsere Unternehmen verändern. Transformation und Veränderung des gesamten Unternehmens. Springer Vieweg, Wiesbaden 2018.

Huth (2020a)

Huth, Michael: Wie entwickelt man DSGVO-konforme Modelle Künstlicher Intelligenz? BigData Insider, 22.07.2020. www.bigdata-insider.de/wie-entwickelt-man-dsgvo-konforme-modelle-kuenstlicher-intelligenz-a-939852/. Aufruf am 23.06.2021.

Huth (2020b)

Kaulartz, Markus: Federated Learning. In: Kaulartz, Markus/Braegelmann, Tom (Hrsg.): Rechtshandbuch. Artificial Intelligence und Machine Learning, S. 37 ff. Beck, München 2020.

Huth/Kaulartz (2020)

Huth, Michael/Kaulartz, Markus: Föderiertes Lernen: Bringt die Algorithmen zu den Daten statt die Daten zu den Algorithmen. In: Anonymisierung und Pseudonymisierung von Daten für Projekte des maschinellen Lernens. Eine Handreichung für Unternehmen, S. 42 ff. Bitkom Bundesverband Informationswirtschaft, Telekommunikation und neue Medien e. V., Berlin 2020.

Kämpgen/Swarat (2020)

Kämpgen, Benedikt/Swarat, Dominic: Anonymisierung und Pseudonymisierung medizinischer Textdaten mittels Natural Language Processing. In: Anonymisierung und Pseudonymisierung von Daten für Projekte des maschinellen Lernens. Eine Handreichung für Unternehmen, S. 73 ff. Bitkom Bundesverband Informationswirtschaft, Telekommunikation und neue Medien e. V., Berlin 2020.

Kaulartz (2020)

Kaulartz, Markus: Trainieren von Machine-Learning-Modellen. In: Kaulartz, Markus/Braegelmann, Tom (Hrsg.): Rechtshandbuch. Artificial Intelligence und Machine Learning, S. 32 ff. Beck, München 2020.

Kessler (2020)

Kessler, Stephan: SAP HANA – personenbezogene Daten anonymisieren und datenschutzkonform analysieren. BigData Insider, 27.05.2020. www.bigdata-insider.de/sap-hana-personenbezogene-daten-anonymisieren-und-datenschutzkonform-analysieren-a-926133/. Aufruf am 27.08.2021.

Kessler/Hoff/Freytag (2019)

Kessler, Stephan/Hoff, Jens/Freytag, Johann-Christoph: SAP HANA goes private – From Privacy Research to Privacy Aware Enterprise Analytics. Proceedings of the VLDB Endowment Bd. 12,12, 2019, S. 1998 ff.

Kinast (2021)

Kinast Rechtsanwaltsgesellschaft mbH: Chinas neues Datensicherheitsgesetz. Datenschutzticker, 06.08.2021. www.datenschutzticker.de/2021/08/chinas-neues-datensicherheitsge

setz/#:~:text=Am%2010.Juni%202021%20hat%20China%20ein%20neues%20Datensi
cherheitsgesetz,in%20Kraft%20treten%20wird%2C%20hat%20einen%20weitreiche
nden%20Geltungsbereich. Aufruf am 23.09.2021.

Kirste/Schürholz (2019)

Kirste, Moritz/Schürholz, Markus: Einleitung: Entwicklungswege zur KI. In: Wittpahl, Volker (Hrsg.): iit-Themenband. Künstliche Intelligenz. Technologie – Anwendung – Gesellschaft, S. 21 ff. Springer, Berlin/Heidelberg 2019.

Kneuper (2020)

Kneuper, Ralf: Grundbegriffe der Anonymisierung personenbezogener Daten. IUBH Discussion Papers, IT & Technik 2,1, Erfurt 2020. https://www.iubh-university.de/wp-content/
uploads/DP_IT_2020_Kneuper.pdf.

Kneuper (2021)

Kneuper, Ralf: Datenschutz für Softwareentwicklung und IT. Eine praxisorientierte Einführung. Springer Vieweg, Berlin 2021.

Krebs/Hagenweiler (2021)

Krebs, Heinz-Adalbert/Hagenweiler Patricia: Innovationen und künstliche Intelligenz entlang der energiewirtschaftlichen Wertschöpfungskette unter Berücksichtigung der Datensicherheit und des Datenschutzes. University Press, Kassel 2021.

Kreutzer/Sirrenberg (2019)

Kreutzer, Ralf T./Sirrenberg, Marie: Künstliche Intelligenz verstehen. Grundlagen – Use-
Cases – unternehmenseigene KI-Journey. Springer Gabler, Wiesbaden 2019.

Kroschwald (2021)

Kroschwald, Steffen: Künstliche Intelligenz im autonomen Auto. Datenschutz und Datensicherheit 45,8, 2021, S. 522 ff.

Luber (2016)

Luber, Stefan: Was ist Hadoop? BigData Insider, 01.09.2016. www.bigdata-insider.de/was-ist-hadoop-a-587448/. Aufruf am 28.06.2021.

Luber (2017a)

Luber, Stefan: Was ist Deep Learning? BigData Insider, 26.04.1917. www.bigdata-insider.de/was-ist-deep-learning-a-603129/. Aufruf am 22.06.2021.

Luber (2017b)

Luber, Stefan: Was ist Cognitive Computing? BigData Insider, 07.09.2017. www.bigdata-insider.de/was-ist-cognitive-computing-a-641356/. Aufruf am 22.06.2021.

Luber (2017c)

Luber, Stefan: Was ist eine In-Memory-Datenbank? BigData Insider, 23.10.2017. www.bigdata-insider.de/was-ist-eine-in-memory-datenbank-a-655470/. Aufruf am 28.06.2021.

Luber (2019)

Luber, Stefan: Was ist ein Expertensystem? BigData Insider, 25.04.2019. www.bigdata-insider.de/was-ist-ein-expertensystem-a-819539/. Aufruf am 05.08.2021.

Luber (2020)

Luber, Stefan: Was ist KNIME? BigData Insider, 28.05.2020. www.bigdata-insider.de/was-ist-knime-a-933183/. Aufruf am 09.09.2021.

Mainzer (2019)

Mainzer, Klaus: Künstliche Intelligenz – Wann übernehmen die Maschinen? 2. Aufl. Springer, Berlin 2019.

Marnau (2016)

Marnau, Ninja: Anonymisierung, Pseudonymisierung und Transparenz für Big Data. Technische Herausforderungen und Regelungen in der Datenschutz-Grundverordnung. Datenschutz und Datensicherheit 40,7, 2016, S. 428 ff.

Mauß (2021)

Mauß GmbH: Anonymisierung von personenbezogenen Daten – was bedeutet das (nicht)? 23.07.2021. datenschutzbeauftragter-hamburg.de/2021/07/anonymisierung-von-personenbezogenen-daten-was-bedeutet-das-nicht/. Aufruf am 22.09.2021.

Meier (2021)

Meier, Andreas: Rundgang Big Data Analytics – Hard & Soft Data Mining. In: D´Onofrio, Sara/Meier, Andreas (Hrsg.): Big Data Analytics. Grundlagen, Fallbeispiele und Nutzungspotenziale, S. 3 ff. Springer Vieweg, Wiesbaden 2021.

Meindl/Templ (2008)

Meindl, Bernhard/Templ, Matthias: Die Anonymisierung der FOBS Daten – Der standardisierte FOBS Datensatz. Statistik Austria, Wien 2008. www.statistik.gv.at/web_de/static/sds-beschreibung-fobs-forschung_und_lehre_030639.pdf.

Meisel/Spiekermann (2019)

Meisel, Lukas/Spiekermann, Markus: Datenmarktplätze. Plattformen für Datenaustausch und Datenmonetarisierung in der Data Economy. Fraunhofer-Institut für Software- und Systemtechnik ISST, Dortmund 2019.

Müller (2020)

Müller, Stephan: Generative Adversarial Networks: Wie mit Neuronalen Netzen Daten generiert werden können. Statworx, Blog 15.10.2020. www.statworx.com/at/blog/generative-adversarial-networks-wie-mit-neuronalen-netzen-daten-generiert-werden-koennen/. Aufruf am 19.06.2021.

Nazemi/Kaupp u. a. (2021)

Nazemi, Kawa/Kaupp, Lukas/Burkhardt, Dirk/Below, Nicola: Datenvisualisierung. In: Putnings, Markus/Neuroth, Heike/Neumann, Janna (Hrsg.): Praxishandbuch Forschungsdatenmanagement, S. 477 ff. de Gruyter, Berlin/Boston 2021.

O´Donnell/Zimmer (2020)

O´Donnell, Daniel/Zimmer, Frank: Interaktive Datenvisualisierung statistischer Daten. In: Kahl, Timo/Zimmer, Frank (Hrsg.): Interaktive Datenvisualisierung in Wissenschaft und Unternehmenspraxis, S. 67 ff. Springer Vieweg, Wiesbaden 2020.

Oettinger (2017)

Oettinger, Michael: Data Science. Eine praxisorientierte Einführung im Umfeld von Machine Learning, künstlicher Intelligenz und Big Data. tredition, Hamburg 2017.

Office for Civil Rights (2015)

Office for Civil Rights: Guidance Regarding Methods for De-identification of Protected Health Information in Accordance with the Health Insurance Portability and Accountability Act (HIPAA) Privacy Rule. Washington, D.C., Stand: 11/2015. www.hhs.gov/hipaa/for-professionals/privacy/special-topics/de-identification/index.html.

Otte/Wippermann u. a. (2020)

Otte, Ralf/Wippermann, Boris/Schade, Sebastian/Otte, Viktor: Von Data Mining bis Big Data. Handbuch für die industrielle Praxis. Hanser, München 2020.

Paaß/Hecker (2020)

Paaß, Gerhard/Hecker, Dirk: Künstliche Intelligenz. Was steckt hinter der Technologie der Zukunft? Springer Vieweg, Wiesbaden 2020.

Petrlic/Sorge (2017)

Petrlic, Ronald/Sorge, Christoph: Datenschutz. Einführung in technischen Datenschutz, Datenschutzrecht und angewandte Kryptographie. Springer Vieweg, Wiesbaden 2017.

Pleines (2020)

Pleines, Marco: Generative Adversarial Networks: Verschiedene Varianten und Anwendungen aus der Praxis. In: Kahl, Timo/Zimmer, Frank (Hrsg.): Interaktive Datenvisualisierung in Wissenschaft und Unternehmenspraxis, S. 167 ff. Springer Vieweg, Wiesbaden 2020.

Prasser (2018)

Prasser, Fabian: Neue Methoden für die anonyme Verarbeitung sensibler medizinischer Forschungsdaten. Habilitation, Technische Universität München 2018.

Prasser/Eicher u. a. (2020)

Prasser, Fabian/Eicher, Johanna/Spengler, Helmut/Bild, Raffael/Kuhn, Klaus A.: Flexible Data Anonymization using ARX – Current Status and Challenges ahead. Software: Practice and Experience 50,7, 2020, S. 1277 ff.

Prasser/Kohlmayer (2015)

Prasser, Fabian/Kohlmayer, Florian: Putting Statistical Disclosure Control into Practice: The ARX Data Anonymization Tool. In: Medical Data privacy Handbook, S. 111 ff. Springer, Cham/Heidelberg u. a. 2015.

Prasser/Kohlmayer u. a. (2014)

Prasser, Fabian/Kohlmayer, Florian/Lautenschläger, Ronald/Kuhn, Klaus, A.: ARX – A Comprehensive Tool for Anonymizing Biomedical Data. Annual Symposium proceedings. AMIA Symposium, Nov. 2014, S. 984 ff.

Ramge/Mayer-Schönberger (2020)

Ramge, Thomas/Mayer-Schönberger, Viktor: Machtmaschinen. Warum Datenmonopole unsere Zukunft gefährden und wie wir sie bremsen. Murmann, Hamburg 2020.

Ramge/Rabhansl (2021)

Ramge, Thomas/Rabhansl, Christian: Über die Macht der Tech-Giganten. Europa braucht einen Neustart. Deutschlandfunk Kultur, 16.01.2021. www.deutschlandfunkkultur. de/ueber-die-macht-der-tech-giganten-europa-braucht-einen.1270.de.html?dram:art icle_id=490878. Aufruf am 02.09.2021.

Roßnagel (2021)

Roßnagel, Alexander: Künstliche Intelligenz datenschutzrechtlich gestalten: Datenschutz und Datensicherheit 45,8, 2021, S. 497 f.

Schmidt (2020)

Schmidt, A. Stefan: Zugang zu Daten nach europäischem Kartellrecht. Beiträge zum Kartellrecht 9. Dissertation, Westfälische Wilhelms-Universität Münster. Mohr Siebeck, Tübingen 2020.

Schweitzer/Peitz (2017)

Schweitzer, Heike/Peitz, Martin: Datenmärkte in der digitalisierten Wirtschaft: Funktionsdefizite und Regelungsbedarf? Discussion Paper No. 17–043. ZEW Leibniz-Zentrum für Europäische Wirtschaftsforschung GmbH, Mannheim 2017. http://ftp.zew.de/pub/zew-docs/dp/dp17043.pdf.

SIT (2020)

Fraunhofer-Institut für Sichere Informationstechnologie SIT: Privacy und Big Data. Studie des Verbundprojekts „Cybersicherheit für die digitale Verwaltung". Darmstadt 2020.

Steiniger (2021)

Steiniger, Theo: Künstliche neuronale Netze. Maschinelles Lernen – vom Gehirn inspiriert. Computerwoche, 18.06.2021. www.computerwoche.de/a/maschinelles-lernen-vom-geh irn-inspiriert,3551313. Aufruf am 21.06.2021.

Stiemerling (2020)

Stiemerling, Oliver: Technische Grundlagen. In: Kaulartz, Markus/Braegelmann, Tom (Hrsg.): Rechtshandbuch. Artificial Intelligence und Machine Learning, S. 15 ff. Beck, München 2020.

Terrasse/Gerk (2021)

Terrasse, Cosima/Gerk, Andrea: Big-Data-Experiment: "Made To Measure". Die Doppelgängerin, die zu viel weiß. Cosima Terrasse im Gespräch mit Andrea Gerk. Deutschlandfunk Kultur, 28.08.2021. www.deutschlandfunkkultur.de/big-data-experiment-madeto-measure-die-doppelgaengerin-die.1013.de.html?dram:article_id=502360. Aufruf am 02.09.2021.

Theelen/Kleta u. a. (2021)

Theelen, Tobias/Wojciech, Kleta/Busse Eugenia/Schäfer, Hans-Georg/Schemmel, Frank/Rübsam, Andreas/Serebrjakova, Marine: EUGH kippt Privacy Shield: Das müssen Unternehmen jetzt wissen. DataGuard, 17.07.2020. www.dataguard.de/magazin/eughprivacy-shield. Aufruf am 22.09.2021.

Torra (2017)

Torra, Vicenç: Data Privacy: Foundations, New Developments and the Big Data Challenge. Studies in Big Data 28. Springer, Cham 2017.

TTDSG (2021)

Gesetz über den Datenschutz und den Schutz der Privatsphäre in der Telekommunikation und bei Telemedien (Telekommunikation-Telemedien-Datenschutz-Gesetz – TTDSG): Telekommunikation-Telemedien-Datenschutz-Gesetz (TTDSG), das am 23. Juni 2021 (BGBl. 2021 I Seite 1982) erlassen wurde und am 1. Dezember 2021 in Kraft tritt. gesetz-ttdsg.de.

Valkanova (2020)

Valkanova, Monika: Trainieren von KI-Modellen. In: Kaulartz, Markus/Braegelmann, Tom (Hrsg.): Rechtshandbuch. Artificial Intelligence und Machine Learning, S. 336 ff. Beck, München 2020.

von dem Bussche (2020)

von dem Bussche, Freiherr, Axel: Datenschutz 4.0. In: Frenz, Walter (Hrsg.): Handbuch Industrie 4.0: Recht, Technik, Gesellschaft, S. 155 ff. Springer, Berlin 2020.

Vossen/Löser (2021)

Vossen, Gottfried/Löser, Alexander: Kommerzielle Datenmärkte. In: Putnings, Markus/Neuroth, Heike/Neumann, Janna (Hrsg.): Praxishandbuch Forschungsdatenmanagement, S. 147 ff. de Gruyter, Berlin/Boston 2021.

Weber/Piesche (2021)

Weber, Andreas/Piesche, Claudia: Datenspeicherung, -kuration und Langzeitverfügbarkeit. In: Putnings, Markus/Neuroth, Heike/Neumann, Janna (Hrsg.): Praxishandbuch Forschungsdatenmanagement, S. 327 ff. de Gruyter, Berlin/Boston 2021.

Weiß/Alsabah (2020)

Weiß, Rebekka/Alsabah, Nabil: Einleitung. In: Anonymisierung und Pseudonymisierung von Daten für Projekte des maschinellen Lernens. Eine Handreichung für Unternehmen, S. 5 f. Bitkom Bundesverband Informationswirtschaft, Telekommunikation und neue Medien e. V., Berlin 2020.

Wennker (2020)

Wennker, Phil: Künstliche Intelligenz in der Praxis. Anwendung in Unternehmen und Branchen: KI wettbewerbs- und zukunftsorientiert einsetzen. Springer Gabler, Wiesbaden 2020.

Winter/Battis/Halvani (2019)

Winter, Christian/Battis, Verena/Halvani, Oren: Herausforderungen für die Anonymisierung von Daten. In: David, Klaus/Geihs, Kurt/Lange, Martin/Stumme, Gerd. (Hrsg.): INFORMATIK 2019: 50 Jahre Gesellschaft für Informatik – Informatik für Gesellschaft, S. 339 ff. Gesellschaft für Informatik e. V., Bonn 2019. dl.gi.de/bitstream/handle/20.500.12116/25003/paper4_04.pdf?sequence=1&isAllowed=y.

Zweig (2019)

Zweig, Katharina A.: Algorithmische Entscheidungen: Transparenz und Kontrolle. Analysen und Argumente Nr. 338, 01/2019. Konrad-Adenauer-Stiftung e. V., Berlin 2019. www.kas.de/documents/252038/4521287/AA338+Algorithmische+Entscheidungen.pdf/533ef913-e567-987d-54c3-1906395cdb81?version=1.0&t=1548228380797 .

Printed in the United States
by Baker & Taylor Publisher Services